신갈나무 투쟁기

새로운 숲의 주인공을 통해 본 식물이야기
신갈나무 투쟁기 개정판

개정판 8쇄 발행일 2024년 9월 13일
개정판 1쇄 발행일 2009년 5월 1일
초판   1쇄 발행일 1999년 9월 7일
초판   9쇄 발행일 2007년 11월 20일

지은이 차윤정·전승훈
펴낸이 이원중

펴낸곳 지성사 **출판등록일** 1993년 12월 9일 **등록번호** 제10-916호
주소 (03458) 서울시 은평구 진흥로 68(녹번동) 2층
전화 (02) 335-5494 **팩스** (02) 335-5496
홈페이지 www.jisungsa.co.kr **이메일** jisungsa@hanmail.net

ⓒ 차윤정·전승훈, 2009

ISBN 978-89-7889-194-3 (03480)

잘못된 책은 바꾸어 드립니다. 책값은 뒤표지에 있습니다.

신갈나무 투쟁기

) 새로운 숲의
　주인공을 통해 본
　식물이야기 (

차윤정
·
전승훈

개정판 발간에 부치는 글

10년 전, 이 책의 출현은 다소 충격적이었나 보다. 참나무가 아닌 신갈나무의 투쟁적 삶은 사람들에게 나무와 자연을 바라보는 다른 창을 열어 준 것이었다. 이 책에 보내 준 다양한 사람들의 찬사와 격려는, 저자들의 마음을 움찔하게 만드는 비판과 질타마저도 유쾌하게 넘길 수 있는 힘이 되었다. 이 책으로 인해 저자는 투사 혹은 열사라는 꼬리표를 달게 되었다.

　국내외에서 출간되는 많은 자연 관련 서적들을 접하면서, 당시 열정만으로 만들어진 미욱한 책을 다듬고 싶은 욕심을 내내 가지고 있었으나 마음과 달리 거의 손을 놓다시피 하고 있었다. 막상 개정판을 내기 위해 작업하려니 걱정이 이만저만이 아니었다. 그런데 이곳저곳 다니면서 찍어 둔 사진을 뒤지다 보니 곳곳에서 자신을 삶을 살아가고 있는 신갈나무를 발견할 수 있었다. 아름다운 단풍 사진에서, 애처로운 열매 사진에서, 봄의 신록에서, 꽃 사진에서, 풍경 사진에서 신갈나무는 마치 지나가는 사람 1, 2쯤 되는 배경으로라도 숨어 있었다. 어쩌면 의도되지 않은 자연스러운 사진이 신갈나무의 진솔한 삶을 대변할지도 모를 일이다.

자연과학에 대한 사람들의 이해 수준은 향상되고 있다. 욕심껏 챙겨 둔 새로운 사실들을 옮기고자 하니 배경도 다르고 관점도 달라 어려움이 있었지만, 우리의 주인공에 맞추어 덧붙이려고 애썼다.

본문과 거의 맞먹는 박스 원고는 당시 책을 만드는 사람이나 책을 읽는 사람들을 자칫 혼란스럽게 했을 것임을 안다. 그래서 이번 개정판에서는 많은 박스 글들을 본문에 녹여내려 노력했다. 덕분에 신갈나무 자체에 대한 해석과 숲 생태계와의 유기적 관계가 더욱 뚜렷해졌다.

『신갈나무 투쟁기』 출간 10주년을 무사히 맞이한 저자들은 감개가 무량하다. 무엇보다 나무에게 갈채를 보내는 사람들이 고맙기 그지없다. 다시 10년 후, 이 땅의 나무와 그 나무를 사랑하는 사람들의 이야기가 투쟁기가 아닌 '사람과 나무의 연대기' 정도의 여유 있고 온화한 제목으로 엮어질 수 있기를 기대해 본다.

2009년 5월

차윤정 · 전승훈

왜 신갈나무 투쟁기인가

왜 꼭 신갈나무이어야 하는가. 우리나라 사람들은 이름을 부르는 일에 매우 관대한 것 같다. '개똥이'라는 이름은 사실상 귀엽고 소중한, 그러면서 특별히 잘나지 않기를 바라는, 아이에 대한 가장 애정적인 표현인 듯하다. 그러기에 개똥이라 불리는 것에 대해 아무런 반감이 없다.

하지만 이러한 이름은 사물의 개성과 특이적 본질을 정확하게 파악하는 데는 도움이 되지 못한다. 세상의 모든 사물은 놀랍게도 제각각의, 그러면서도 비교적 특성을 잘 반영한 이름을 가지고 있다. 그래서 하나하나의 명칭을 제대로 부른다는 것은 사물을 정확하게 인식하는 바탕이 된다. 개똥이가 완전한 인격체로 인정받기 위해서는 '길동이'라는 고유한 제 이름으로 불려야 한다.

'참나무' 역시 개똥이에 해당하는 애정 어린 이름으로, 나무 중에 진짜 나무임을 나타내는 이름이다. 그러나 나무 중에 참나무라는 이름을 가진 나무는 없다는 사실은 이제 하나의 상식이다. 신갈나무는 참나무류

중에서 우리나라 산림의 아주 많은 면적을 차지하고 실로 이 땅의 주인이 되어가고 있는 참나무류의 대표이다. 따라서 이 책의 제목이 참나무가 아닌 신갈나무가 되는 것은 사물에 대한 정확한 인식에서 출발하고자 함이다.

왜 투쟁기이어야 하는가. 나무에게도 치열한 삶이 있다. 작은 종자 하나에서 얼어붙은 땅을 헤집고 싹을 틔우는 일에서부터 잎을 만들고, 줄기를 키우고, 뿌리를 키우고, 꽃을 만들고, 열매를 만드는 어느 것 하나 거저 되는 법이 없다.

이 책은 철저하게 나무의 관점에서 씌어졌다. 나무를, 자연을 그저 정신적 위안처로 삼으려는 사람들에게 어쩌면 나무는 또 하나의 긴장일지도 모른다. 그러나 사람들은 나무에게서 일어나는 살 떨리는 삶의 현장들을 정확하게 인정해야 한다. 나무로부터 받는 위안은 도피적 위안이 아니라 지구상 생물들의 숙명적 삶을 이해함으로써 얻는 공감적 위안이어야 한다.

그래서 이 책은 그냥 참나무가 아닌 신갈나무이어야 했으며 아름다운 이야기가 아닌 치열한 투쟁사이어야 했다. 이제 신갈나무는 숲의 전사이면서 사람들에게 자신의 삶을 알리는 투쟁가가 된다.

나무의 일생을 추적한다는 것은 너무나 힘든 일이었다. 나무에게서 변화란 긴 시간 속에서 반복적으로 진행된다. 봄, 여름, 가을, 겨울, 그리고 다시 봄, 여름, 가을, 겨울…… 계절에 따라 되풀이되는 생명활동, 마치 끝도 없이 돌아가는, 나사의 회전날을 따라 빙빙 돌아가는 느낌이었다. 그러다 보니 이야기가 반복되고 밋밋해진 감도 있다.

한편 신갈나무의 투쟁적 삶의 전개를 위해 일부 식물학적 현상들이 자의적으로 해석한 부분에 대해서는 모든 학자들의 동의를 얻을 수는 없을 것이다. 그러나 무엇보다 이런 형식의 글을 쓴다는 것 자체가 자연과학도에게는 무리요 욕심이었다. 엉성한 구성과 사건 전개의 부드럽지 못한 연결이 다 두 사람의 무능력에게서 오는 한계이니 너그럽게 용서해 주길 바라는 바이다.

이 책은 비록 두 사람의 이름으로 출간되지만 칸칸이 배어 있는 많은 분들의 도움을 인정하지 않을 수 없다. 일일이 다 열거할 수는 없지만 귀한 사진자료를 제공해 주신 여러 분들과 필요한 사진을 찍는 데 기꺼이 동행해 주며 도움을 준 이 현 군에게 고마움을 전한다. 그리고 필자 이상으로 애정을 갖고, 그 힘들다는 자연과학 분야의 책을 기꺼이 만들어 주신 지성사 모든 분들에게 진심으로 감사를 드린다.

끝으로 이 책이 자연을, 나무를 이해하는 데 조금이나마 도움이 되고, 자연을 사랑하는 사람들이 좀더 적극적인 애정으로 나무를 보듬어

안을 수 있는 데 도움이 되었으면 하는 바람이다. 나아가 앞으로 식물학을 공부하고자 하는 미래의 과학도들에게 식물이 좀더 구체적이고 실질적인 대상으로 인식되기를 바라는 마음이다. 그래서 이 책을, 자연을 존중하고 아끼는 모든 사람들에게 바친다.

1999년 8월

차윤정 · 전승훈

차례

개정판 발간에 부치는 글 004
왜 신갈나무 투쟁기인가 006

하나, 세상 밖으로

도토리의 비산飛散 014 | 어미 신갈나무의 박해사 020 | 일생 단 한 번의 경험 023 | 변화의 징조 027 | 겨울잠을 포기하는 열매 032 | 생존의 불확실성 036

둘, 생장

제1의 봄 040 | 숲의 정착자들 046 | 빛을 향한 추종 064 | 제1의 여름 070 | 제1의 가을 074 | 다시 봄 075

셋, 생장을 위한 전략

동지는 여분의 공간 088 | 투자효율의 법칙 092 | 환경 우선의 법칙 096 | 미래를 위한 대비 105 | 조세 형평의 원칙 111 | 온몸의 기지화 115

넷, 겨울나기

월동 준비 129 | 잎 떨구기 130 | 질소의 회수 138 | 식물의 반격 139 | 인산의 회수 145 | 칼륨의 회수 147 | 숲의 양분 저장고 149 | 외투의 수선 158 | 기둥의 보강 168 | 추위 이겨 내기 171

다섯, 꽃

꽃을 피우는 기쁨 178 | 꽃의 진화 187 | 꽃의 변형 194 | 자연잡종이 강한 족속 210 | 수꽃의 운명 212 | 어미가 되는 고통 213 | 야생의 강인함 217 | 도토리라는 열매의 의도 220

여섯, 적과의 동침

끊임없는 도전 224 | 그늘에서 견디는 힘 226 | 곤충의 공격 230 | 궁여지책 237 | 독물질에 의한 방어 240 | 호신무기, 가시 247 | 참나무겨우살이 250 | 목 조르기 명수들 256 | 도토리 생산의 조절 258

일곱, 나무가 있는 숲

넉넉한 풍채 265 | 소나무의 역사 269 | 다양한 숲의 식구들 275 | 복잡한 숲 279 | 운명 288

찾아보기 302

차례

신갈나무의 분류학적 위치 017
씨앗의 잠, 종자휴면 030
어미에게서 멀어져라
       1_ 종자에 날개를 달아라 050
       2_ 무엇에든지 달라붙어라 054
       3_ 분출하는 에너지를 가져라 057
       4_ 향기로운 과육으로 유혹하라 060
식물의 털 080
수목한계선 101
고정생장과 자유생장 113
나무의 나이, 나이테 125
단풍의 비밀 133
나무의 외투 160
갈대의 지혜 169
목본식물의 개화 181
대나무의 꽃 182
국화꽃의 실체 199
식물의 생체시계 201
광주기성 203
근친상간을 막아라 206
우리나라 숲의 주인 273
귀화식물의 천국 283
숲의 순환 297

하나, 세상 밖으로

신생아 도토리

나무는 씨앗을 낳고 씨앗은 나무를 키우고 나무는 다시 씨앗을 낳는다. 봄빛은 잎과 꽃을 만들고, 꽃은 열매를 만들고, 잎은 열매를 키우고, 여름빛은 열매를 살찌우고…… 열매는 이제 가을바람을 기다린다.

도토리의 비산 飛散

소나무가 주인인 숲의 틈새로 일찌감치 자라고자 하는 본능이 억제된 나무가 있다. 오래된 몸통에는 흰 버섯이 여기저기 피어 있고 밑동에는 이끼가 번져 있는 나무이지만, 이파리는 어느 젊은것 못지않게 싱싱하고 푸르며 그 속에 알알이 박혀 있는 열매들 역시 푸르고 윤이 날 지경이다. 열매의 머리에는 관록이나 되는 듯 겹겹으로 주름진 모자가 씌워져 있다.

새로운 세상을 꿈꾸는 열매. 열매는 진초록으로 윤이 나며, 가문의 영예를 나타내 주는 관이 향기롭다. 보통 신갈나무의 도토리는 두세 개씩 함께 열리지만 숲의 바람은 이들을 곧잘 흩어 놓곤 한다. 사진은 8월, 도토리가 익어 가는 모습.

세상을 향한 비상. 10월, 가을이 성숙되면서 열매는 바람에 흩어지고 열매가 떠난 자리에는 빈 모자(각두 殼斗)만이 덩그러니 남아 있다. 보통 모자와 함께 떨어지기도 하나 열매가 과성숙되어 건조해지면 열매만 빠져나가기도 한다.

가을볕에 그을린 열매는 동료들과 더불어 어미를 떠나 앞으로 펼쳐질 미래에 대한 희망과 기대로 긴장되어 있다. 열매의 끝은 마치 궁금한 세상을 훔쳐 보기라도 하려는 듯 삐죽 나와 있다. 가을이 익어갈수록 열매들은 자신들을 실어다 줄 바람을 기다리며 서서히 깍지에서 몸을 반쯤 내민다. 그리고 곧 바람이 분다.

단 한 번의 바람에 열매들이 후드득 떨어진다. 이렇게 쉽게 떨어질 줄 알았더라면 직접 한번 시도라도 해 보는 것인데, 열매들이 까르르 웃는 듯 데굴거리는 소리로 숲이 부산스러워지는 듯하다. 그러나 어미에서 일제히 떨어져 나온 열매들은 통실한 몸집으로 인해 바람의 상승기류를 타지 못하고 곧 아래로 곤두박질친다. 그래도 꿈꾸던 세상과의 만남은 이렇게 추락의 아찔함으로 시작되었다. 그리고 열매들이 떠나 버린 빈자리에는 횅한 구멍들만 남아 있다.

어미의 이파리는 억세고 굳건하게 생겼다. 험해 보이는 살림살이에도 불구하고 넓고 두툼한 생김새는 제법 세력 있는 집안임을 짐작하게 한다. 이파리의 아랫부분 역시 부처님의 귓불처럼 둥근 것이 그리 야박해 보이지는 않는다. 이 이파리의 주인인 어미는 바로 신갈나무이다. 그리고 그 열매들은 다름 아닌 도토리들이다.

신갈나무의 분류학적 위치

신갈나무는 참나무속屬에 속하는 낙엽활엽교목으로 참나무류 중에서 비교적 높은 곳에 산다. 흔히 참나무라고 부르는데 원래 '참나무'라는 나무는 없으며 신갈나무를 포함한 상수리나무, 떡갈나무, 졸참나무, 갈참나무, 굴참나무 등 참나무과科 참나무속屬 식물들을 분류학적으로 통칭하는 말이다.

신갈나무*Quercus mongolica*의 학명에서 퀘르쿠스*Quercus*는 '좋은 목재'라는 뜻을 가지고 있으며 몽골리카*mongolica*는 '몽골지방에 자란다'는 의미를 나타낸다. 따라서 신갈나무는 '몽골지방에서 자라는 좋은 목재의 나무'로 해석될 수 있는데 이는 우리나라에서 참나무진짜나무로 불리는 것과 일맥상통한다. 또한 비교적 중부 이북의 해발고도가 높은 지역에 분포하는 신갈나무의 생태적 습성을 잘 나타내 주는 이름임을 알 수 있다. 실제로 참나무속의 목재는 매우 단단하여 그 쓰임새가 많으나 예전에는 기술이 부족하여 다양한 용도로 가공하는 데 어려움이 있었다.

신갈나무는 현재 우리나라 대부분의 지역에 분포하고 있으며 전체 숲의

| 상수리나무 | 굴참나무 | 신갈나무 |
| 떡갈나무 | 졸참나무 | 갈참나무 |

· 참나무속屬에 속하는 기본 수종의 비교 ·

참나무류는 기본적으로 잎의 모양에 따라 크게 세 부류로 구분된다. 잎이 길고 가는 형태로는 상수리나무와 굴참나무가 있으며, 잎이 크고 두툼한 무리로는 신갈나무와 떡갈나무가 있다. 또한 중간 단계의 넓은 잎 모양을 가진 것으로는 졸참나무와 갈참나무가 있다. 굴참나무는 잎의 뒷면이 흰색으로 상수리나무와 구별되고, 신갈나무는 잎이 두꺼운 떡갈나무에 비해 잎이 얇으며, 졸참나무는 갈참나무에 비해 잎이 작고 잎 뒷면에 털이 많다.

면적 중 소나무를 제외하면 가장 많은 면적을 차지하고 있고 앞으로 더 많이 증가할 것으로 예상된다. 소나무와 신갈나무의 경쟁은 우리나라 산림생태계에서 일어나고 있는 가장 뚜렷한 생태적 현상으로써, 가장 극적인 대립은 서울 남산의 소나무 숲 쇠퇴와 신갈나무 숲 확장에서 찾아볼 수 있다.

도토리는 정확하게 어느 나무의 열매를 칭한다기보다는 참나무속 나무들의 열매를 통칭하는 말이다. 꿀밤 역시 도토리의 방언쯤으로 여겨지는데 대체로 참나무속 나무들 중에서 크기가 큰 부류의 열매를 말한다.

어미 신갈나무의 박해사

어미 신갈나무는 소나무들 틈에서 제 본능대로 자라지 못해 갈라지고 비틀리고 휘어진 채 볼썽사나운 모습이다. 신갈나무의 선조들은 아주 오래전에 이 땅에 정착하였지만 사람들이 들어오면서 박해받기 시작했다. 사람들에게 농사 지을 땅을 내어 주기 위해 자리를 박탈당했으며 설상가상으로 사람들은 소나무를 귀하게 여겨 소나무 이외의 나무들은 꾸준히 제거하였다.

어미 신갈나무의 일생은 극적으로 유지되었다. 어미나무가 보기에도 잘생긴 소나무였다. 곧은 줄기와 향기로운 몸체, 어느새 신갈나무들은 사람들의 편애를 운명처럼 받아들이고 있었다. 그러나 소나무는 어미 신갈나무와 달리 자기 스스로 할 수 있는 일이란 자라는 일뿐이었다. 소나무 주위로 다른 나무들이 자라오르기 시작하면 소나무는 두려워했다. 같이 살아가는 것에 대해 유난히 두려움을 갖는 것처럼 보였다. 이런 소나무의 까다로움에 사람들은 애를 태웠다. 그래서 사람들은 소나무가 싫어하는 이웃 나무들을 주기적으로 제거해야만 했다. 소나무가 조금만 관용을 베풀 줄 아는 성격이었다면 그렇게 무참히 죽어 가지 않아도 될 것이라 어미 신갈나무는 생각했다.

소나무가 자라는 곳은 출입금지의 표식이 둘러쳐지고 사람들의

신갈나무의 처절한 생명력. 부리가 살아 있는 한 신갈나무는 무한한 앞날을 약속할 수 있다. 생명의 원기들은 뿌리가 물을 끌어다 주기만 하면 언제 어디서나 생명을 피워 올린다.

출입은 봉쇄되었다. 나아가 소나무 숲에서 자라는 어린나무들은 신갈나무고 붉나무고 할 것 없이 모조리 제거되었다. 심지어 산불을 내 태워 죽이기도 했다. 이 산불이 얼마나 지독한지 소나무의 줄기 속에도 산불의 흔적이 남곤 했다. 어미나무의 조상들은 오랫동안 사람들의 박해에도 끝까지 버티었다.

소나무에 상처를 입은 나무들이 어찌 신갈나무뿐이겠는가마는 소나무가 아니었으면 이 땅의 어엿한 주인이 되었을 신갈나무이기에 더욱 비통한지도 모른다.

불행인지 다행인지 모르지만 박해의 굴레는 어미 신갈나무 대代에서 끝이 났다. 다행히 사람들의 관심이 바뀌었다. 아니, 박해가 끝나는 정도를 넘어 이제 신갈나무가 제 세상을 맞이하는 듯한 징조가 보인다. 사람의 손길이 끊어진 소나무는 이미 이 땅에서 세력이 약해지고 있다. 이제는 사라지는 소나무를 걱정해야 할 정도이다. 모름지기 절대적인 선善은 없다. 적 앞에 무릎을 꿇느니 서서 죽는 것이 정의라면, 위기를 모면하고 기회를 노리는 것도 또 다른 정의가 되는 것이 세상살이다.

어미 신갈나무가 서 있는 곳에는 잘려진 그루터기에서 살아남은 볼품없는 식구들이 궁상스럽게 모여 있다. 하지만 땅속 뿌리는 그 어느 가문에도 손색이 없을 정도로 굵고 강해져 있다. 기회를 기다리며 몇백 년의 세월을 거쳐 땅속에서 지켜 온 생명력들이다. 어미 역시 애초에 씨앗에서 자라지 못하고 무참히 잘려 나간 그루터기에서 용하게 살아남은 맹아줄기이다. 멋지게 폼나게 살고 싶은 것이 바람이었지만 운명이 받아들이지 않는 이상 버티기로 작정한 지 오래다. 잘려진 줄기에 더 많은 가지를 내밀어 반항하는 것, 이것이야말로 신갈나무가 모질게 버텨 올 수 있었던 원동력이었다. 어미의 이런 저항정신은 바로 자식들에게도 이어져 어떠한 환경에서도 살아남을 수 있는 강인한 생존력을 물려주었다.

일생 단 한 번의 경험

땅으로 곤두박질친 열매들은 구르고 굴러 각자의 운명을 따라 흩어진다. 일부는 땅의 경사를 이기지 못하고 낮은 곳으로 계속 곤두박질치고 몇몇은 돌무더기에 막혀 주저앉는다. 몇몇은 다람쥐나 청설모의 위장 속에서 녹아 버리거나, 알뜰한 다람쥐에 의해 알지 못하는 곳에 묻힐 것이다. 몇몇은 벌레들의 공격에 몸이 파헤쳐져 나뒹굴거나, 더러는 흐르는 물에 떨어져 실려 갈 것이다. 낙엽이 진 숲에는 휑한 바람이 바닥까지 일어 이리저리 열매들을 굴린다. 열매들에게는 아직까지 자신의 의지로 할 수 있는 일이 없다.

흩어진 열매들. 이미 열매는 야생동물이나 사람들에게 먹히고 빈 모자만 남아 있다. 남아 있는 열매도 땅속에 묻히지 못해 앞날을 보장받을 수 없다.

　　낙엽 속에 자리 잡은 열매는 무거운 몸집 때문에 꼼짝도 않고 있다. 바람이 몸을 건들고, 구르는 낙엽도 몸을 때린다. 바람에 열매의 껍질이 말라 가면서 가는 줄무늬도 생겼다. 그리 예쁜 것은 아니었지만 푸르스름하고 윤이 나던 열매의 단단한 껍질도 이제는 거무튀튀해지고 여기저기 찢겨 터져 있다. 때로 뒤늦게 떨어지는 열매들이 도토리를 때리기도 한다. 먹이를 모으고 있던 다람쥐가 이리저리 굴려 보기도 한다. 다람쥐의 입속에는 이미 도토리가 그득해 열매가 떨어질 지경이다. 이리저리 떠밀리는 신세가 고단하기만 하다. 빨리 정착하고 싶지만 제 뜻대로 되지 않는다.

　　그러나 열매여! 굴리는 바람을 미워하지도, 경사진 구릉을 미워하지도 말 일이다. 열매가 싹을 틔우고 싹이 자라 나무가 되고 천수를 누리다 죽건, 어느 도벌꾼의 도끼에 죽어 넘어지든, 혹은 어처구니없게도 곰팡이나 벌레에 의해 쓰러질 때까지, 나무란 처음 발을 내린 곳에서 생을 이어 가는 운명이다. 오직 이 순간만이 몸을 움직일 수 있는 기회라는 것을 열매는 알지 못하는 것이다. 이렇게라도 이동하는 것이 생에 두 번 다시 올 수 없는 자유라는 것을 열매는 아직 알지 못한다. 열매에게 있어 정착이라는 것은 엄청난 운명의 결정인 것이다.

자유, 얼마나 환상적인 말인가. 미지의 세계를 찾아 여기저기 방랑하는 것은 얼마나 낭만적인가. 하지만 무릇 움직이는 생명들 중 낭만적인 방랑을 하는 족속이 얼마나 되는가. 동물들이 움직이는 이유는 오직 두 가지뿐이다. 먹이를 찾을 때와 적으로부터 몸을 피할 때. 얼마나 많은 생명들이 먹고살기 위해 뛴다고 넋두리하는가.

결국 움직이는 자유란 혹 삶에 대한 처절한 몸부림인지도 모른다. 나무의 선조들이 애초에 공기와 물로써 살아갈 수 있는 방법을 터득한 이상 먹이를 찾아 움직이는 수고로움을 겪지 않아도 되었다. 지상에 충만한 것이 빛이요 공기이다. 하늘에서 내려 주는 빗물은 땅으로 스며들어 뿌리를 적신다. 빛으로 물로 공기로 자신을 부양할 수 있는데 움직임이 무슨 필요가 있는가.

몇몇 무리들은 대충 정착할 공간을 만났다. 다행히 여러 겹으로 얽힌 낙엽이 무리들을 붙잡아 주었다. 따끔거리는 바늘들이 불그레한 빛으로 땅을 덮고 있다. 듬성듬성 긴 칼날 같은 잎을 무더기로 달고 있는 녀석들이 있기도 하고 여러 장의 잎들이 가지런히 달려 방석을 이루는 키 작은 나무들도 있다. 잎사귀들의 색이 불그레하고, 여기저기 뜯겨 나간 모습이 사는 것이 그리 편한 곳은 아닌 듯하다. 골이 진 곳으로 바람에 날려 온 나뭇잎 더미가 제법 쌓여 있다. 붉은 바늘 낙엽보다 훨씬 검고 축축하다. 그리 넓은 편은 못 되지만 대충 만족할 만하다. 물론 바람과 돌과 물이 허락을 한다면 말이다.

    열매가 앞으로 살아갈 밑천으로 가지고 있는 것이란 어미가 껍질 속에 채워 준 탄수화물 덩어리뿐이다. 너나 할 것 없이 똑같은 양의 떫고 딱딱한 물질이 삶의 밑천이다. 하지만 열매들은 정작 그 속에 작게 포개진 위대한 생명력에 대해서는 아직 깨닫지 못하고 있다. 그 작은 뱃속에 얼마나 많은 정보가, 얼마나 무궁한 역사가 압축되어 있는지 아직 모른다. 곧 이 위대한 유산은 열매의 생을 지배할 것이다.

    열매는 고단함으로 지쳐 있다. 어미 품에서 자라던 그 안락함을 기억할 수 있다. 어미가 길어다 준 물과 양분으로 대접받던 시절이었다. 그러나 과거를 그리워할 필요는 없다. 어미라고 해서 그리 넉넉한 형편도 아니었으며 이미 어미의 몸뚱이에는 어미와 한몸으로 자랄 또 다른 식구인 새 눈이 가지 끝마다에 달려 있지 않았던가. 그에게는 미지의 세계에 대한 동경이 있다. 어차피 어미를 떠나 세상을 향해 내던져진 운명, 모양 나게 살아볼 일이다.

변화의 징조

잠시 정신을 가다듬은 열매는 뭔가를 준비하는 듯하다. 몸이 아주 미약하나마 약간씩 움찔거린다. 바람은 참으로 제때에 도토리를 땅으로 실어다 주었다. 아직 가을 끝 햇살에는 약간의 온기가 남아 있다. 가을 기운에 큰 나무들이 잎을 떨어뜨려 하늘도 조금 열려 있다. 아침이면 쌀쌀해진 기온 덕분에 공기 중의 물기가 축축하게 땅으로 내려온다. 조금만 더 늦었더라도 겨울바람은 빛과 물을 얼려 버렸을 것이다. 빛과 물, 이는 씨앗이 싹을 틔우는 데 기본적인 요건이다. 물은 종자의 껍질을 부드럽게 해 주고 빛은 양분을 녹여낸다.

가랑잎이 쌓인 곳에 자리를 잡은 일이 참으로 행운이었다. 가랑잎 낙엽은 찬바람을 막아 주고 물기도 가두어 도토리에게 나누어 준다. 무엇보다 한낮의 열기를 가두었기 때문에 밤에도 따스했다. 검고 축축한 낙엽은 그야말로 가을 햇살을 온전히 붙잡는 자연 보온재였다.

딱딱한 껍질은 물과 빛에 부풀었다 말랐다 하며 씨름한 끝에 부풀어 갈라져 있고, 볼록했던 양분들도 열매 속의 어린 생명에게 분해되어 탄력을 잃고 쭈글쭈글해져 있다. 몸 여기저기가 근질거린다. 주체할 수 없는 힘이 솟구친다. 어린싹 속으로 들어온 양분은 억제할 수 없는 에너지로 변환되어 눈을 뿌리와 잎으로 변신시킨다. 뿌리와 잎은 운명적으로 갈라지면서 서서히 각자의 방향을 잡는다. 삐죽했던 열매의 끝이 벌어진다. 제일 큰 믿음이자 안식이었던 껍질이 갈라지면서 드디어 세상으로 나오려는 순간이다.

너무도 엄청나고 명백한 변화가 가장 짧은 기간에 이루어진다. 어미에게서 떨어져 나온 지 불과 보름 남짓한 시간 동안에 일어난 일이다. 알에서 어린 생명이 깨어나는 데 이처럼 빠른 것도 드물 것이다. 이렇게 나무는 처음부터 부모의 보살핌 없이 혼자서 생을 깨운다.

하지만 세상은 바야흐로 겨울을 향해 치닫고 있다. 숲에는 더 많은 낙엽이 쌓이고 생을 마감한 곤충들의 잔해도 떨어진다. 이들 생명들에게 치열했던 여름의 흔적은 거의 남아 있지 않다. 땅은 서서히 식어 가고 바람도 차가워지기 시작한다. 대개의 식물들이 겨울을 나기 위해 짐을 꾸려 긴 겨울잠에 대비하는 시간이다. 낙엽 위의, 땅속의 무수한 씨앗들도 숨을 죽인 채 겨울을 감지하고 있다. 겨울은 정지의 시간이다.

열매가 섣불리 움직이지 않기를 바랄 뿐이다. 열매로서는 단 한 번의 기회밖에 허용되지 않는다. 더구나 그는 아직 아무런 경험이 없다. 어미로부터 세세한 세상살이를 미처 교육받기도 전에 그는 떨어져 나왔다. 기다려 보자.

봄이 끝날 무렵부터 가을이 익을 때까지 숲에는 온갖 씨앗들이 생에의 희망을 품고 날아든다. 그러나 대개의 씨앗들은 지상에 떨어지면서 바로 싹을 내는 것이 아니라 겨울이 끝나고 봄이 와야 비로소 싹을 내보낸다. 씨앗을 만들었다고 해서 무조건 싹을 틔우는 것은 매우 위험하다. 가을과 겨울이 있는 온대 지역에서 그것은 대단히 큰 모험이 아닐 수 없다. 씨앗은 분명 뭔가를 기다리며 싹 틔울 준비를 하고 있음이 분명하다. 봄이 오는 흙 속으로 일제히 돋아나는 싹들을 보노라면 너무나 반갑기도 하거니와 정확한 자연의 시간에 감탄이 절로 나온다.

 만일 싹이 돋아났는데 추운 겨울이 닥쳤다고 해 보자. 식물의 어린싹은 대단히 연한 조직을 가지고 있기 때문에 바로 동상에 걸리거나 얼어 죽고 말 것이다. 이러한 위험을 피하기 위한 가장 확실한 방법은 겨울이 끝나고 난 후에 싹을 틔우는 것이다. 따라서 씨앗은 겨울 동안 잠을 자게 된다.

씨앗의 잠, 종자휴면

대부분 식물의 씨앗들은 싹을 틔울 시기가 될 때까지 잠을 잔다. 이를 전문용어로 '종자휴면'이라고 한다. 나무 종류에 따라서는 종자의 수명이 극단적으로 길어 수천 년이나 되는 것도 있는데 종자가 발아하기 전까지의 기간을 휴면기간이라 볼 수 있다.

씨앗이 잠을 자는 원인은 크게 세 가지로 볼 수 있다. 우선 씨앗이 생길 당시에 싹이 될 배胚가 완전히 성숙하지 못한 상태여서 종자가 싹을 틔우기까지 잠을 자는 경우인데 이러한 씨앗들은 수확 후 성숙시켜 싹을 유도할 수 있다.

다음으로는 씨앗의 껍질이 견고하여 씨앗이 숨을 쉬거나 물기를 흡수하는 것을 방해하기 때문인데 이런 경우는 씨앗의 껍질을 물리적인 방법으로 제거함으로써 싹을 틔울 수 있다.

마지막으로 씨앗 내에 싹이 나는 것을 억제하는 물질이 분비되는 경우인데 이 경우에는 일정한 시간이 지나거나 싹이 나는 데 적당한 환경이 되면 이러한 물질이 제거되어 싹이 난다.

씨앗이 잠을 자는 데는 이들 세 가지가 복합적으로 작용하는 경우가 대부분이다. 그러나 수십 년 혹은 수백 년 동안 잠을 자는 종자에 대해서는 그 과정을 이해하기가 매우 어려우며, 오랫동안 휴면 상태였던 종자가 온전히 발아력을 유지할 수 있는지에 대해서도 의문이다.

  종자의 휴면은 단순히 겨울이라는 기온저하 현상에 의해서만 좌우되는 것 같지는 않다. 이러한 종자의 휴면현상을 잘 밝혀내는 것은 종자의 장기보관에 대한 기술적인 발전을 가져올 수 있으며, 이는 최근 식물의 유전자를 미래의 중요한 잠재자원으로 생각하는 사람들에게 대단히 중요한 문제이다.

  사실상 식물은 장수한다기보다 오랜 기간 동안 생장과 발달이 정지된 상태로 머무를 수 있다고 보는 것이 타당하다. 어쩌면 이러한 성질이 오늘날 우리가 다양한 식물들을 볼 수 있게 된 하나의 원인이 되었는지도 모른다.

막 싹이 난 열매일지라도 뿌리는 깊게 자라 있다. 신갈나무는 오래 살아남는 첫 번째 지혜로써 뿌리를 길게 내는 방법을 취한다.

겨울잠을 포기하는 열매

우려에도 아랑곳없이 열매는 변화의 징조를 보인다. 제일 먼저 뿌리가 껍질의 틈을 비집고 조심스레 생의 첫 무대, 흙 속으로 뻗어 나온다. 뽀얗고 포동포동한 어린뿌리는 물기로 팽팽하다. 어찌나 기운이 센지 흙 부스러기가 들썩거린다. 그러나 조직은 연하디 연해 보인다. 그런 모양새로 흙 속에서 살아남기란 요행이 아닌 이상 어려워 보인다.

신갈나무의 종자는 가을날 땅으로 떨어지면서 곧바로 뿌리를 내린다. 어린뿌리는 땅속에서 혹독한 첫 겨울을 보낸다.

일단 세상 밖으로 나온 어린뿌리는 무서운 기세로 아직 얼지 않은 땅속을 깊게 파고 들어간다. 뿌리가 땅속 깊이 들어갈수록 몸은 점점 단단하게 고정된다. 이제 거세어지는 바람 정도는 아무렇지 않다. 땅속은 생각보다 훨씬 따스하다. 안도감이 밀려온다. 뿌리를 뻗느라 기진한 도토리가 한숨 돌린다. 저 멀리 무심한 어미나무가 빈 깍지들을 달고 있는 것이 어렴풋이 보인다. 왠지 모를 원망 같은 미움이 스치듯 지나간다. 도토리는 주위를 두리번거린다. 이미 자신과 같이 뿌리를 내리느라 애쓰는 친구들이 간간이 보인다. 아, 다들 이렇게 시작하는구나. 도토리는 자신이 대견스러웠다. 생애 첫 희열 같은 것이었다.

어린뿌리가 나온 후 열매는 다시 조용하다. 제법 긴 시간이다.

바위를 뚫고 나온 신갈나무의 새 가지와 잎들. 어린 생명력은 작은 틈이라도 놓치지 않는다. 언젠간 이런 강렬한 힘들이 바위를 돌로, 그리고 흙으로 변화시킬 것이다.

뿌리를 내는 일이 힘겨웠던 모양이다. 아니면 아직 이파리가 나오기에는 할 일이 남아 있는지도 모른다. 다시 낙엽이 열매 위로 흩어져 내리고 시간은 흐른다. 뿌리는 조금씩 길어지고 하얀 실뿌리도 새로 나온다.

뿌리가 나온 지 열흘쯤 지났을 때 드디어 열매가 갈라지면서 새로운 변화의 징조를 보인다. 어미의 곁을 떠난 열매가 혼자서 세상을 맞이하기란 참으로 고단한 과정이다. 껍질을 뚫는 것도 힘이 들고, 뿌리를 내는 것도 힘이 들고, 이파리를 내는 것도 힘이 든다.

그러나 열매의 떡잎은 끝내 열매를 뚫지 않는다. 도토리의 열매는 그 자체로서 하나의 큰 양분이자 믿음직한 떡잎이었던 것이다. 다른 식물들이 나름대로 생겨먹은 떡잎을 따로 가지고 있는 것에 비해 신갈나무는 별스러운 떡잎을 만들지 않는다. 아니, 어쩌면 별스럽지 못한 열매형 떡잎 자체가 대단히 별스러운 것인지도 모른다. 하나의 작은 뿌리는 아주 비밀스럽게 열매인 듯한 떡잎을 부양하는 것이다. 봄에 일제히 땅 위로 돋아나는 다른 나무의 떡잎들과 달리 신갈나무의 떡잎은 땅속에서 보내도록 명령되어진 것이다.

사실 대부분의 식물들이 떡잎을 만드는 데 있어 매우 검소하고 기능 위주의 기술만을 부린다. 그래서 대개가 밋밋하고 별 모양새가 없어 떡잎만으로 식물의 종을 구별하기가 어려울 때가 많다.

떡잎의 별스럽지 못한 모습은 그 임무에 우선하기 때문인지도 모른다. 식물이라는 무리의 떡잎은 그저 그렇게 비슷한 모양새를 갖추고 있다. 두 장의 떡잎을 피우는 족속들이나 한 장의 떡잎을 피우는 족속들이나 그저 둥글고 납작한 그래서 지극히 평범에 충실한 모습들이다. 이는 식물 종류마다 제각각 다양한 모양의 본잎을 갖는 것과는 큰 차이가 있다.

그러면 신갈나무가 그 값싼 떡잎조차 만들지 않는 것은 무슨 의미인가. 그렇다. 열매는 겨울을 나기 전에 씨앗을 틔우지만 어미는 모든 것을 미리 정해 두었다. 지상에서 겨울을 보내지 않고 지하에서 겨울을 나게 하는 것이다. 추운 겨울, 아예 지상으로는 아무것도 내지 않는 것이다. 어미는 연한 떡잎조직이 지상으로 나갈 필요조차 없이 튼튼한 껍질로 무장된 떡잎으로 겨울을 나도록 배려한 것이다.

한편 땅속은 얼마나 치열한 생존공간인가. 흙은 모든 것을 분해시켜 버린다. 흙의 퀴퀴한 냄새는 흙 속의 곰팡이가 내는 냄새이다. 바이러스, 세균, 곰팡이에서부터 톡토기, 지렁이에 이르기까지 이루 헤아릴 수 없는 생물들이 삶을 일구고 있는 곳이 또한 이 흙 속이다. 이들은 침입자를 공격하고 분해하는 것을 생업으로 삼는 놈들이다. 만일 이런 적지에 떡잎같이 연한 잎이 자란다면 얼마나 위험한 일인가. 그러니 열매는 떡잎을 만들지 않는다. 이래저래 열매는 떡잎을 생략하는 것이다. 하지만 겨울은 땅속에도 찾아온다. 지렁이의 움직임도 둔해지고 겨울이 닥치기 전에 많은 수의 토양식구들은 생을 마감한다.

생존의 불확실성

사실 식물의 종자가 싹이 터 제대로 자라기까지는 실로 무수한 난관을 헤쳐 나가야 한다. 어미에서 떨어져 나온 종자 수의 백 분의 일도 안 되는 종자만이 겨우 자리를 잡고 싹을 틔울 수 있다. 나무에서 쏟아지는 종자들은 많은 동물들의 먹이가 된다. 사람 역시 종자를 노리는 약탈자들이다. 마치 물고기가 무수한 치어로써 성어로 자랄 여지를 준비하는 것과 마찬가지로 대부분의 식물 역시 대량의 종자 생산을 생존의 전략으로 삼는다.

싹이 나왔다고 해서 모두가 성공적으로 자라는 것은 아니다. 물기 가득하고 연한 조직들은 다시 많은 동물의 표적이 되기 때문이다. 땅속의 수많은 생물집단이 그렇고 땅 위의 수많은 곤충 무리가 또한 그렇다. 작고 연약한 조직은 조금의 가뭄에도 쉽게 말라 버리고 약간의 압력에도 찢어진다. 어린싹이라고 따로 보호해 주는 이는 없다. 어미마저 곁에 없다. 지금 생을 영위하고 있는 생명들이 얼마나 많은 생명들을 담보로 살고 있는지를 생각해 보면 각각의 생명들이 갖는 책임이 얼마나 큰지 알 수 있다.

생물들 중에는 안전하고 확실한 소수 정예로서 후손을 보는 무리가 있는가 하면 불확실한 대량의 자식들을 통해 후대를 도모하는 무리가 있다. 육식성의 큰 짐승포유류의 무리가 대부분 소수 정예 후손을 보는 무리에 속한다. 가장 대표적인 동물은 아마 인간일 것이다. 반대로 어류나 곤충, 양서·파충류는 엄청난 양의 자식을 낳아 이 중에 살아남을 수 있는 자식을 미리 확보한다.

식물에게도 이 방식은 존재한다. 수명이 그리 길지 못한 초본草本식물들은 실로 엄청난 양의 씨앗을 만든다. 그리고 초본식물의 생활사는 대개 씨앗을 만들면서 끝난다. 대개가 별 양분이 없는 아주 작은 씨앗들이다. 반면에 비교적 오래 사는 목본木本식물들은 초본식물에 비해 단위 몸체량당 훨씬 적은 양의 씨앗을 생산한다. 그러나 이것 역시 동물에 비하면 결코 적은 양이 아니다.

신갈나무의 떡잎 아닌 떡잎은 낙엽 속에서 비교적 안전하게 겨울을 보내면서 봄을 준비한다. 신갈나무의 열매는 둔탁한 몸집으로 인해 그다지 깊은 땅속에 묻히지 않는다. 작고 가벼운 씨앗들이 낙엽을 비집고 무사히 땅으로 내려갈 수 있는 반면 몸집이 무거운 열매들은 기껏해야 낙엽 속이나 땅의 표면 가까이에 만족할 수밖에 없다. 가끔 낙엽 위에서 뿌리를 내었다가 낙엽이 썩으면서 쓰러지는 불행을 겪기도 한다.

그러나 운명의 신이 어린 열매를 도왔는지 다행히 뿌리가 흙에 닿아 있고 낙엽층이 머리를 덮고 있다. 열매의 어린 몸뚱어리는 이렇게 겨울을 보낸다. 어미나무는 땅에서 겨울을 나는 자식을 위해 가을이면 낙엽이불을 땅으로 내리는 것인가?

열매에 다름 아닌 신갈나무 열매떡잎은 자신이 해야 할 임무를 정확하게 알고 있다. 비록 번듯한 잎으로서 완전한 생을 보장받지는 못했지만 싹이 나무로 자라느냐 마느냐는 떡잎에 달려 있다. 될성부른 나무는 떡잎부터 알아본다고 했다. 떡잎이 충실할수록 싹은 올곧게 자랄 확률이 높아진다. 종자 속의 양분이 떡잎과 뿌리를 위한 것이라면 떡잎은 앞으로 나올 본잎과 나무의 미래를 책임지고 있는 것이다.

껍질 속의 떡잎은 잠자듯 조용히 움직인다. 떡잎은 이미 제 운명을 잘 알고 있다. 하나의 주인공을 위해서는 무수한 조연이 필요하다. 떡잎도 나무를 성장시키는 많은 조연들 중의 하나이다. 얼어 있는 흙 속에서 찬 물기를 뽑아내고 겨울의 짧은 빛으로 미래의 주연을 키우기 위한 준비를 진행시키는 것이다.

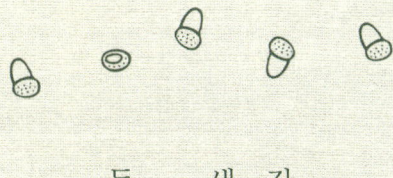

둘, 생장

계절이 바뀌었다. 겨울이 가고 봄이 왔다. 이제 세상으로 깨어나라. 이 것은 어미가 열매 속에 선천적으로 입력해 놓은 명령이다. 겨울에 취해 게으름을 피우다가는 다른 놈들에게 당할 위험이 높아진다. 삶이 고단할수록 더욱 부지런해라. 떡잎은 이미 겨울 동안 충실하였다. 빛과 물과 공기를 받아들여라. 너의 임무에 충실하여라. 네 떡잎을 믿어라.

제1의 봄

제일 먼저 뿌리가 자란 것과 마찬가지로 제일 먼저 깨어난 것도 뿌리다. 지난 가을에 땅속으로 뻗어 내린 줄기의 끝에서 새로운 뿌리들이 돋아난다. 아직 지상은 고요하다. 오로지 차가운 땅속에서만 생명의 기운이 스멀거릴 뿐이다. 막 자라기 시작한 뿌리들은 그 어두운 지하세계로 살금살금 흙을 비집고 들어간다.

뿌리는 이리저리 몸을 굴리며 자신의 영역을 만들어 간다. 그런데 지난 가을에는 느끼지 못했는데, 흙 속이 매우 복잡하다. 굵고 가는 것들이 서로 얽혀 마치 하나의 그물과 같다. 각각의 뿌리들 역시 분주하다. 뿌리는 무엇인가를 열심히 끌어모으느라 분주하다. 얼마나 열심인지 자신의 뿌리에서 끈적이는 것이 흘러나오는 것도 모르는 것 같다. 뭔가 귀한 물질인 것 같은데, 여기저기서 흘러나온 물질들이 일대를 적시고 있다. 무엇보다 이 물질에 반응하여 온갖 곰팡이 박테리아의 포자들이 꿈틀거린다.

뿌리와 줄기는 하나의 열매에 구분 없이 붙어 있다(5월).

그런데 실 같은 무엇이 어린나무의 뿌리를 간질거린다. 미처 뿌리가 자라 달아날 새도 없이 실 같은 것이 가지를 치며 어린뿌리 주위를 맴돈다. 이것은 무슨 덫인가. 두려움으로 움질거릴수록 실 같은 무엇은 뿌리를 더욱 조여 온다. 저항할 힘도 없는 뿌리로서는 어쩔 수 없이 당할 도리밖에 없다.

어린뿌리가 물을 모으기 시작한 지 벌써 열흘 이상 지났다. 도대체 제대로 하고는 있는 것인가. 그 어떤 것도 확신할 수 없지만 어린뿌리는 그저 자신에게 벌어지는 일들을 진행시킬 뿐이다. 모르긴 해도

고목의 그루터기에서 피어나는 가지 역시 연하고 푸르다. 나무의 나이가 얼마가 되었든 가지에서 나는 새잎은 항상 싱싱한 생명을 타고난다.

주변에서 감지되는 다른 존재들이 신경을 곤두세운 채 작업에 몰두해 있다. 뿌리에서 모아진 물에는 뭔가 다른 것도 섞여 있다. 아직 아무것도 모른다. 하지만 본능을 따르리라. 뿌리는 땅에서 끌어 올려진 물과 끈적이는 물질들은 쭈글쭈글해지고 있는 떡잎 열매 속에서 터질 듯 부풀어 올라 있다. 알 수 없는 기운이 솟아나는 것이 저 아래 뿌리 끝에서도 느껴질 정도이다.

그리고 열하루째 되던 날 새벽, 뿌리 끝에서 뭔가 비상하는 힘이 뿌리를 통째로 끌어 올리듯 강렬하게 튀어 오른다. 크고 믿음직했던 떡잎 아닌 떡잎의 한쪽에서 땅 위로 힘찬 줄기가 뻗어 나온다. 줄기는 먼저 세상에 나온 뿌리와 강하게 연결되어 있어, 사실 어디까지가 줄기이고 어디서부터가 뿌리인지 구분도 가지 않는다. 본격적인 나무로서의 생활이 시작되는 순간이다.

무릇 생명의 시작이 경이롭듯 이 어린싹의 줄기 역시 푸르고 역동적이다. 가지에서 뻗어 나오는 싱싱한 새잎은 어미의 그 험한 모습과는 거리가 멀다. 잎은 아직 힘이 없어 보이나 줄기에 단단하게 고정되어 있고 뿌리에서부터 이어진 물길잎맥은 잎의 끝까지 연결된다. 무수한 양분길과 물길로 잎은 복잡하게 얽힌다. 잎 뒷면에는 작은 구멍들이 열리면서 세상의 기운이 몸속으로 흡수된다. 숨구멍기공 氣孔이다.

숨구멍은 세포를 향해 연결되고 대기로부터 충실히 원료를 끌어다 준다. 모든 것이 순식간에 이루어진다.

하필이면 왜 잎 뒷면인가. 너무 순식간에 벌어진 일이기에 어린 신갈나무는 아무것도 알 수 없다. 자신도 모르게 만들어진 자신의 구조, 믿어야지. 숨구멍은 잎 뒷면에 고르게 배열되어 있다. 아침이면 기공이 열리면서 신선한 공기가 들어온다. 숨구멍은 참으로 요긴한 기관인 것 같다. 물이 잎의 끝까지 차오르면 바깥의 마른 대기가 순식간에 빨아낸다. 물이 빠져나갈 때 느껴지는 속이 뻥 뚫리는 시원함이 상쾌하다. 어쩌면 이리도 편안하단 말인가. 들어오는 공기와 빠져나가는 물기, 그리고 물기 속에 함께 나가는 또 다른 정체의 공기, 역동적인 힘을 느끼게 한다.

신갈나무의 싹. 신갈나무의 어린싹은 졸참나무를 많이 닮아 열매를 확인하지 않고는 구별할 수 없다.

숲 속의 봄이 무르익고 새잎이 지상에서 윤을 내며 피어오를 때쯤이면, 끝내 세상 밖으로 얼굴 한 번 내밀지 못한 떡잎은 빛을 잃고 땅속에서 조용히 잊혀진다. 언젠가는 흙 속의 분해자들에게 철저하게 분해되어 어린나무에게 다시 되돌려질 것이다. 한편 지상의 다른 떡잎들은 본잎이 나면서 사라지는데 비해 신갈나무의 열매떡잎은 어린나무에 대한 책임감으로 한동안 뿌리와 줄기의 구분점에 붙어 떡잎으로는 제법 긴 시간을 보낸다. 나무여, 어미를 잊지 말아야 하는 것과 같이 떡잎의 충정을 길이 간직하여라.

지난겨울에 정착한 무리 중에는 이미 영원한 잠에서 깨어나지 못한 것들이 대부분이다. 가을바람에 물기가 말라 버렸거나, 벌레의 먹이가 되었거나, 다람쥐나 작은 동물들의 먹이가 되었는지도 모른다. 혹은 처음부터 부실한 열매였는지도 모른다. 이들은 작은 뿌리조차 세상으로 내지 못한 것들이다. 다행히 작은 뿌리를 내보낸 무리 중에도 모진 추위에 얼어 죽었거나 무참한 약탈자들에게 먹혀 버린 것들이 많다.

무사히 싹을 지상으로 내보는 것도 위대한 승리이다. 하지만 이제부터는 더욱 많은 시련이 기다리고 있다. 앞으로 죽는 날까지 한순간도 자유로울 수가 없다. 어미가 물려준 재산은 이미 다 없어졌다. 믿는 것은 오로지 몇 장의 이파리와 가늘고 약한 뿌리뿐. 그러나 정작 미더운 것은 어미가 세포 속으로 밀어 넣어 준, 삶의 방정식을 풀어 가는 암호들이다. 이 암호는 새로 만들어지는 세포마다 신속하게 전이되어 모든 세포가 공통의 암호로 결속된다. 몸속에 내장된 정보들을 한번 믿어 보자.

숲의 정착자들

이제 진짜 잎이 생의 바통을 넘겨받았다. 어린놈은 순진해서 사는 것이 얼마나 고통스러운지를 아직 모른다. 순진하다기보다는 세상을 살아본 경험이 없다고 하는 것이 옳다. 어린싹이 처음으로 맞이한 세상, 그 얼마나 아름다운 시절인가. 봄날의 햇볕은 온몸을 자극하고 기운은 하늘을 날 듯 넘쳐 온다. 얼었던 땅이 녹으면서 물기로 축축해지고 살아 있는 냄새도 난다. 세상이 나를 위해 존재한다. 세상의 모든 것이 제 뜻대로 될 것 같다.

　어린나무는 자라고 싶은 충동에 사로잡히지만 무엇인가 억제되고 절제된 힘이 몸을 잡아끌고 있다. 막상 세상을 향해 나왔지만 모든 것이 두렵다. 먼저 숲을 지배하던 개척자들과 정착자들이 사방에서 틈도 주지 않고 조여 온다.
　어떤 무리는 이미 키가 두 배 이상 자라 어린나무를 위협하기도 한다. 거북등처럼 갈라진 껍질을 가진 소나무의 날카로운 잎들이 하늘도 가리고 있다. 이러다 영영 자라지 못하고 주저앉는 것일까? 이미 옆에서 숨통을 조여 오는 놈이 감지된다. 그놈은 모양새 없이 이파리만 길게 나온다. 저놈의 몸통은 어디 있는 것인가. 땅에서부터 잎들이 벌

그루터기에 모여 난 신갈나무의 어린잎. 신갈나무는 조건만 적당하면 언제든지 맹아줄기들을 틔워 낸다.

어져 나온다. 또 이것은 무엇인가. 사방에 날카로운 가시가 달려 있다.

세상이 조금씩 보이기 시작한 어린나무에게 사방의 이웃들은 온통 무시무시하기만 하다. 그들 역시 이 봄에 세력을 키우고 자리를 차지해야 하는 똑같은 운명을 가진 것들이다. 그러니 어리다고 자리를 내주거나 물을 양보하거나 빛을 위해 몸을 비켜 주지도 않는다.

잎만 무성하게 가진 놈, 넓은 잎사귀가 삐져나온 놈, 가시가 사나운 놈, 줄기가 길게 휘어지며 누워 자라는 놈……. 무수한 적들이 어린나무의 숨통을 조여 오는 것 같다. 저만치 높이에는 감정이 그리 나쁠 것 없이 뭔가 끌리는 무리도 있다. 먼저 자란 신갈나무이다. 그러나 그놈의 가지들도 사나운 눈흘김으로 노려본다. 오랜 궁핍의 흔적이 엿보이는 녀석들이다. 이러다가는 곧 적들에게 포위당할 것이다. 바깥세상이 어찌 이리도 각박한가.

큰 나무의 잘려진 그루터기에서 촘촘히 솟아나온 새 줄기들은 이 가련한 어린싹을 비웃는다. 그들은 애써 뿌리를 땅으로 내리는 수고를 할 필요도 없으며 어미가 길어다 주는 넉넉한 양분으로 수고로운 노동의 절반을 덜어 낸 운 좋은 놈들이다. 어디를 가나, 든든한 부모 덕에 사치스럽고 흥청망청거리거나 세상을 우습게 보는 무리가 있게 마련이다. 그들은 진지한 삶을 비웃는다. 가진 것에 대한 믿음이 너무 크다.

어린나무는 어미가 원망스럽기도 하다. 세상에 던져진 지 불과 몇 달 전이건만 어미의 모습조차 희미하다. 힘겨울수록 어미의 넉넉했던 품이 더욱 그립다. 어미만 있어 준다면 힘이 될 텐데. 몰인정한 어미다.

나무에게서 부모 자식 간이란 멀어질수록 피차 이롭다는 사실을, 어린 신갈나무는 아마 오랜 시간이 흐른 후에 알게 될 것이다. 씨앗은 땅으로 떨어지는 순간 독립된 개체로 성장한다. 어미의 그늘 아래에서 이로울 게 하나도 없는 것이 나무의 부모 자식 간이다. 제한된 공간, 제한된 양분은 먼저 차지하는 쪽을 먹여 살린다.

사실 얼마나 많은 식물들이 이런 모진 운명에서 자식을 위해 몸부림쳤는가. 멀리 날아갈수록, 부모에게서 멀어질수록 더 많은 성공이 보장된다는 것을 받아들이면서 극복하는 데 얼마나 많은 수고와 변형이 있었는가를, 어린나무는 시간이 지난 후에야 알게 될 것이다.

식물은 비록 몸을 움직여 돌아다니지는 못하나 종자를 통해 목적을 달성한다. 어떤 면에서 보면 사람보다 더 멀리 이동하는 것이 식물인지도 모른다.

) 어미에게서 멀어져라 - 1 (

종자에 날개를 달아라

이른 봄, 거리는 온통 버드나무와 사시나무의 하얀 솜털로 간질거린다. 사람들이 아직 겨울을 완전히 털어 내지 못한 이른 봄에 나무들은 사람들이 알아 주지도 않는 꽃을 피운 후 그 결실로서 씨앗들을 품게 된다. 하얀 솜털은 씨앗들을 싸고 있는 일종의 옷이다. 옷 중에서도 특수하게 고안된 날개옷이다. 부지런한 부모가 준비해 준 날개옷을 입고 씨앗들은 새로운 세계를 향해 여행길에 오른다.

민들레의 비행을 이끄는 씨앗의 날개옷

솜털 하나를 잡아 자세히 살펴 보면 긴 종자가 가늘게 있고 그를 감싸는 흰 털이 있음을 알게 된다. 봄이면 하얀 솜뭉치를 머리 가득 이고 있는 민들레를 꺾어 훅 하고 불어 본 적이 있을 것이다. 씨앗들이 하늘로 일제히 날아오르고 꽃대의 끝에는 구멍이 숭숭 난 머리만 남아 있다. 하얗게 날아오르는 씨앗을 잡아서 들여다보면 특이하게 생긴 날개옷을 볼 수 있다. 누런 씨앗이 실죽하게 생겨 있고 한쪽 끝에는 역시 씨앗 길이만 한 솜털이 낙하산같이 빙 둘러 펼쳐져 있다. 이를

'관모冠毛'라고 하는데 씨앗의 이동을 돕기 위해 민들레가 고안한 발명품이다. 관모를 단 민들레 씨앗은 봄바람을 타고 하늘하늘 수 킬로미터까지 이동한다.

가로수로 많이 심어져 있는 플라타너스의 종자도 솜털치마를 입고 있다. 초록색의 동그랗고 딱딱한 플라타너스의 열매도 2년이 지나면 누렇게 변하면서 푸석푸석하게 부풀어 오른다. 봄비를 맞은 열매는 더욱 부풀어 급기야 터져 버리고 만다. 플라타너스의 씨앗은 씨앗 아래에 가늘고 긴 털들이 빙 둘러 서 있어 마치 인디언의 치마와 같다. 이 역시 씨앗의 여행을 도와주는 기관이다.

할미꽃의 흰머리, 엉겅퀴꽃의 솜털 뭉치 등은 모두 씨앗이 바람을 타고 멀리 날아갈 수 있도록 고안된 비행장치들이다.

이들 솜털씨앗은 가벼워서 물을 만나더라도 가라앉지 않고 물과 함께 흘러 이동할 수도 있다. 솜에 흡수된 물기는 씨앗이 발아하는 데 또한 기여할 수 있다.

나무들은 나름대로 종자를 널리 퍼뜨려 자손들을 많이 내려고 한다. 그것은 모든 생물의 본능이다. 식물은 비록 제 몸을 움직여 자손을 퍼뜨리지 못하지만 씨앗에게 여행장비를 갖추어 줘 멀리까지 이동할 수 있도록 해 놓았다.

소나무의 종자를 본 기억이 있을까. 솔방울은 모두 기억할 수 있다. 그러나 솔방울이 소나무의 열매엄격한 의미에서 열매라고 하지는 않는다라는 것은 알고 있지만 소나무 종

염주나무의 열매 대롱이나 쇠물푸레나무의 종자 날개는 공중에서 프로펠러와 같은 역할을 한다.

자가 어떠한지는 기억이 없다. 자세히 살펴본 적이 없기 때문이다. 솔방울은 한 해 동안 푸르게 자라서 이듬해가 되면 회갈색으로 완전히 성숙한다. 그러면 꽉 다물어져 있던 솔방울의 조각들이 하나하나 열린다. 벌어진 솔방울의 비늘조각을 뜯어내 안쪽의 표면을 살펴보면 한쪽으로 잠자리의 날개를 달고 있는 소나무의 진정한 씨앗을 만날 수 있다. 솔방울이 완전히 성숙하여 비늘이 벌어지면서 소나무의 씨앗들은 멀리 여행을 떠난다.

이렇게 종자에 날개를 단 나무는 소나무 이외에도 많이 있다. 가을을 가을로 물들이는 단풍나무들의 가장 기본적인 특징이 바로 날개 달린 종자이다. 열매의 양쪽으로는 날개가 달려 있으며 그 무게중심에 종자가 자리잡고 있다. 물가에 잘 자라는 물푸레나무는 비록 한쪽으로만 날개가 달려 있더라도 씨앗의 무게와 날개의 무게가 정확하게 균형을 이루어 회전운동을 하는 데 아무런 지장이 없다. 느릅나무의 종자도 날개를 달고 있다. 느릅나무 종자의 날개는 소나무와 달리 종자를 빙 둘러 나 있어 비행접시같이 생겼다.

　날개의 독특한 형태는 피나무나 염주나무에서도 볼 수 있다. 염주나무의 열매는 열매자루에 넓고 긴 날개포가 달려 있다. 연녹색의 이 날개는 피나무의 가을을 더욱 아름답게 만들기도 하지만 무엇보다 종자가 자기 세상을 향해 날아가는 데 헬리콥터의 프로펠러와 같이 힘찬 추진력을 제공한다.

　그런데 실제로 숲 속에서 씨앗이 멀리 날아가기란 참으로 어렵다. 숲 속에는 바람이 별로 불지 않고 또한 많은 덤불이나 가지들이 얽혀 있기 때문이다. 하지만 나무들은 자신들의 큰 키를 이용하여 이 장애를 극복한다. 특히 날개를 단 씨앗들이 산불이 나거나 벌채한 지역의 상공을 비행할 때는 아무런 장애물이 없기 때문에 무엇보다 빨리 정착하여 여행을 마무리할 수 있다.

　과거 버드나무나 플라타너스, 포플러는 솜털날개 덕분에 무수한 자손들을 퍼뜨릴 수 있어 더 넓은 세계로 영역을 확장하는 데 성공적이었다. 그러나 오늘날 바로 이 솜털로 인해 도시민의 눈과 코를 괴롭힌다는 죄목으로 잘려 나가고 있으니 이 무슨 운명의 아이러니인가.

) 어미에게서 멀어져라 - 2 (
무엇에든지 달라붙어라

들길을 지나오면 바짓가랑이에 잔뜩 묻어 있는 귀찮은 종자들을 떼어 내느라 애를 먹는다. 끈적끈적한 액체가 있어 떼어 내기가 여간 곤란할 뿐 아니라 고약한 냄새까지도

귀화식물인 미국가막사리의 열매는 지나가는 사람이나 짐승의 옷에 슬쩍 붙어 영역을 넓힌다. 이런 이동 능력 탓에 짧은 기간 동안 우리나라 곳곳에 퍼질 수 있었다.

짚신에 붙어 멀리 가기 때문에 짚신나물이라 이름 지어졌을까. 사람에게 달라붙어 이동하기 쉽도록 짚신나물은 주로 숲길 가장자리에 자란다. - 뱀무. 주로 길가에서 사람이나 짐승의 몸에 붙어 이동을 꾀하는 뱀무의 가시돋힌 열매

난다. 어떤 것에는 갈고리 같은 것이 달려 있어 옷에 붙어 있는 것도 있다. 옛날에는 이런 것들이 많이 있어 장난을 치기도 했다. '도둑놈의갈고리'라 해서, 밤에 남의 집에 몰래 왔다가도 갈고리 열매가 달라붙어 그만 들키고 만다는 뜻에서 붙여진 이름의 식물도 있다. 사람들에게도 성가신 이런 존재들은 토끼나 개, 소와 같이 털을 가진 동물들에게는 더욱 귀찮은 존재일 것이다.

이들 씨앗은 그야말로 날개 달 힘도 없고 과육을 만들 여력도 없다. 그래서 다른 것에 슬쩍 묻어 씨앗을 퍼뜨리려는 것이다. 무슨 수를 써서라도 종자는 멀리 내보내야만 한다. 그래서 동물이나 사람의 의지에 상관없이 일방적으로 달라붙는 것이다. 짐승의 입장에서는 일방적으로 이용당하는 것이다.

이렇게 짐승이나 사람의 몸에 붙어 이동하는 식물은 주로 초본성 잡초들이다. 도꼬마리, 미국가막사리, 산짚신나물, 진득찰 같은 식물은 씨앗에 끈적끈적한 접착액이 있

거나 물체에 잘 달라붙을 수 있는 기관이 있어 쉽게 털어지지도 않는다. 사람이야 손으로 비벼 내기도 하고 독한 세제로 씻어 내기도 하지만 짐승들은 몸을 다른 물체에 대고 비비든가 혀로 핥아 내는 수밖에 없다. 이러는 과정에서 어떤 짐승은 심각한 상처를 입기도 하지만 씨앗은 껍질이 제거되어 더욱 효과적으로 싹을 낼 수도 있다.

참나무겨우살이의 열매 역시 점성이 강해 지나가는 새들의 깃털이나 부리에 달라붙는다. 새들은 이 성가신 존재를 떼어 내느라 나뭇가지에 몸을 비비게 되는데 이 과정에서 씨앗의 과육이 상처를 입거나 심하면 벗겨지기도 하고 또한 나뭇가지의 틈을 뚫고 들어가기도 한다.

도둑놈의갈고리, 가막사리 등은 강력한 접착액 대신에 가시돌기가 있어 지나가는 동물의 털에 달라붙는다. 처음에 만들어진 씨앗의 가시돌기는 부착력이 세서 잘 떨어지지 않는다. 그러다가 동물에 의해 어느 정도의 거리를 이동하였을 때쯤이면, 가시돌기는 탄력을 잃고 스스로 떨어져 나가거나 동물이 조금만 힘을 주어도 쉽게 떨어져 나간다. 이들 식물은 비록 자체의 이동성은 없지만 종자로 인해 사람보다 더 멀리 이동할 수 있는 것이다.

) 어미에게서 멀어져라 - 3 (

분출하는 에너지를 가져라

손대면 툭 하고 터질 것만 같은 봉선화의 꽃말은 '나를 건드리지 마세요'이다. 하지만 이것은 완전히 반대의 해석을 내린 것이다. 봉선화는 씨앗주머니가 터져야만 씨앗을 퍼뜨리고 자손을 볼 수 있다. 울 밑에 선 봉선화나 개울가를 가득 메우고 있는 물봉선화나 모두 열매가 볼록하니 씨앗으로 부풀어 있으며, 이 열매는 사람이나 동물의 간지럼에 터져 씨앗을 쏘아 올린다. 어쩌면 봉선화는 누군가가 자신을 어루만져 주기를 바

인가의 봉선화 – 물가에 흔히 자라는 물봉선화

라면서 밤에는 잎을 가지 아래로 늘어뜨린 채 잠을 자는지도 모른다.

동글동글한 쌍둥이 콩이 콩깍지 속에 나란히 들어 있다. 기온이 올라가면서 꼬투리가 바싹 긴장하는 순간도 잠시, 꼬투리는 딱 하는 소리와 함께 터져 버리고 콩들은 마치 멀리가기 시합이라도 하듯 튀어 간다. 어떤 면에서 보면 콩은 상당히 적극적인 이동수단을 지니고 있는 식물임에 틀림없다.

폭발에 의해 씨앗을 퍼뜨리는 종족들은 종자식물 외에도 고사리와 같은 양치식물이나 곰팡이에게서 볼 수 있다. 진정한 의미에서 씨앗이 아닌 양치식물의 홀씨들은 홀씨주머니가 팽창하여 터지면서 바람을 타고 비행한다. 곰팡이 역시 씨앗은 아니지만 포자라는 것이 있어 포자주머니가 터질 때 사방으로 흩어진다.

씨앗을 담고 있는 주머니가 터지는 힘은 팽창하는 압력에 의한 것과 수축하는 힘에 의한 것으로 크게 구분할 수 있다. 예를 들어 지중해분무오이의 경우에는 깍지 내부로 점액이 가득 채워지면서 팽창하는 압력에 의해 깍지가 터진다. 이와는 반대로 콩깍지에서처럼 햇볕에 의해 깍지의 수분이 건조해짐으로써 수축하는 힘에 의해 터지는 경우도 있다. 브라질에서 자라는 후라 hura라는 나무는 깍지가 완전히 말라서 폭발하면 엄청난 폭발음과 함께 씨앗들이 32미터 이상 날아오른다.

열에 의한 씨앗들의 폭발은 아마 방크스소나무에 이르러 최고조에 달할 것이다. 방크스소나무는 유난히 잎의 길이가 짧은 소나무 종류인데 그 솔방울은 어떠한 힘에도 터지지 않고 오랜 세월을 견딘다. 방크스소나무의 솔방울은 산불과 같은 사고가 있은 후에나 씨앗이 터져 나오는 것이 가능한데 섭씨 370도에서도 10초에서 15초간이나 견딜 수 있으며 불로 인하여 솔방울의 송진이 제거된 후에야 비로소 솔방울이 터지면서 종자가 비산飛散, 날아서 흩어짐한다. 방크스소나무처럼 일부 구과식물들은 일상적인 숲 환경에서는 솔방울이 열리지 않고 산불과 같은 고온에서만 열린다. 이런 솔방울을 폐쇄성 구과serotinous cone라고 하는데, 단단한 구과는 때로 수십 년 동안 그대로 나무에 달려 있기도 한다. 이런 솔방울은 주로 산불이 나면 그 열에 의해 구과의 실편이 열리면서 종자를 날려 개방된 공간에서 재빠르게 발아한다. 콩과科 식물의 일종인 자귀나무 역시 산불에 의해 콩깍지가 터지면서 씨앗이 비산하는 종이다.

참깨나 달맞이꽃도 꼬투리 같은 주머니에 씨앗들이 들어 있다. 야생의 이들 종은 건조에 의해 주머니가 갈라지면서 씨앗들이 떨어진다. 인위적으로 재배하는 참깨의 경우에는 주머니가 미처 갈라지기 전에 수확을 한다. 가을볕에 얌전하게 건조된 참깨의 씨앗주머니는 약간의 충격으로도 쉽게 씨앗을 토해 낸다.

폭발에 의해 비산되는 씨앗들은 대부분 모양이 둥글고 표면이 매끄러워 어디든지 폭발의 힘에 의해 쉽게 흘러 다닐 수 있도록 고안되어 있다. 이러한 폭발족들은 특별한 화학물질이나 다른 동식물을 이용하는 것이 아니라 자신들이 발달시킨 물리적인 힘으로 씨앗을 퍼뜨리는 것이니 어찌 보면 자존심 강한 족속들인 듯싶다.

) 어미에게서 멀어져라 - 4 (
향기로운 과육으로 유혹하라

산딸기 무리는 달고 맛난 과육으로 씨앗을 퍼뜨리는 으뜸 선수들이다. 블랙베리^위, 줄딸기 ^{아래}

여름에서 가을에 이르는 산길은 꽃향기 아닌 과육향기로 익어 간다. 가시가 돋은 잎사귀 사이로 산딸기의 깨알같이 붉은 열매가 팽팽하게 부풀어 있다. 손으로 살짝 떼어 입으로 가져가면 입안은 금방 향기롭고 달콤함으로 가득 찬다. 산속 조금 깊은 곳으로 들어가면 작은 포도송이같이 생긴 산뽕나무의 오디가 가는 길을 붙잡고, 산앵두나무의 그 앙증맞은 열매는 먹기에도 아깝다. 가을쯤으로 익어 가면 머루의 푸른 열매가 단향을 내뿜고 숨어 있으며 보리수나무의 붉은 열매는 보기에도 시금털털하다.

벌거숭이 나무들에서 이처럼 향기롭고

단물이 나는 열매들이 만들어진다는 것이 여간 신기하지 않다. 공기와 물과 빛으로 이렇듯 훌륭한 양식을 만들어 내는 나무들은 세상의 어떤 마법사보다 뛰어나다.

한결같이 그 보기 좋고 맛있는 열매 속에는 씨앗이 품어져 있다. 사람이나 동물이나 열매를 먹을 때는 필연적으로 씨앗을 제거하거나 그것도 귀찮을 경우에는 함께 먹어야만 한다. 열매를 먹게 되는 동물은 대가를 지불해야 한다. 그래야 뭔가 형평이 맞는 듯하지 않는가.

대부분의 과육은 새들의 눈에 잘 띄는 붉은색이다. 붉은 과육 속의 씨앗은 짐승의 몸을 통과해서 배설물과 함께 땅속으로 떨어진다.

소나무나 피나무, 버드나무는 자력으로 종자를 여행시키는 방법을 고안해 냈지만 사과나무는 다른 방법을 고안해 내었다. 누군가가 직접 씨앗을 이동시키고 전달하도록 만드는 것이다.

꽃이 피어난 아랫부분에는 씨앗을 품는 방이 있다. 식물들은 이 방에서 씨앗을 키움과 동시에 씨앗을 퍼뜨려 줄 매개자를 위한 서비스도 잊지 않는다. 그것이 감사에 대한 대가이든 유혹의 손길이든 새나 짐승은 열매로 배를 채우고, 식물은 종자가 멀리 이동됨으로 인해 소기의 목적을 달성하게 된다.

씨방이 없는 가운데 가짜 껍질로써 과육임을 행세하는 무리가 있다. 은행나무와 주목나무가 잘 알려진 예이다. 은행은 종자의 껍질을 이용하여 가짜 육질을 만들었다. 하지만 이 은행의 과육에는 독성분이 들어 있어 해로운 벌레들이나 미생물들이 종자를 먹어 치우는 것을 방지하도록 고안되었다. 즉 이것은 종자의 보호자인 셈이다.

주목의 종자를 감싼 빨간 과육은 달콤하여 새들이 즐겨 먹는다. 하지만 주목의 씨앗에는 독성분이 있어 깨물면 치명적일 수 있다. 따라서 종자를 깨물 수 없을 정도로 이빨이 약한 새들만이 종자의 과육을 먹고 그 대가로 종자를 배설할 수가 있는 것이다. 참으로 놀라운 일이다.

이와 같은 목적으로 대부분의 열매들은 씨앗이 완전히 익어 가는 동안은 과육을 쓰게 만들거나 고약한 약품으로 처리해 놓는다. 그러다가 씨앗이 완전히 익으면 사과와 딸기는 녹색에서 붉은색으로 변하며 오디는 자주색으로 변한다. 동물들에게 이제 때가 되었음을 알리는 신호이다. 과육이 내뿜는 향기 역시 정확한 위치를 알리는 신호이다. 어쩌면 냄새는 색깔보다 훨씬 효과적인 광고 수단인지도 모른다.

탐스러움을 참지 못해 열매를 따먹은 산새는 씨앗을 뱃속에 품고 온 산을 헤매다 씨앗을 배설하게 된다. 여기저기 이동이 가능한 동물들이 뱃속의 씨앗들을 아주 넓은 지역까지 퍼뜨려 주기 때문에 나무는 앉아서 천 리를 갈 수 있는 것이다. 열매에 따라서는 반드시 새의 위장을 통과하여야만 발아가 가능한 것도 있다. 이는 두꺼운 씨앗의 껍질이 소화액에 녹아 버려 싹이 나올 수 있을 만큼 부드러워지기 때문이다.

산딸기, 앵두, 오디, 야생의 사과, 들쭉나무 모두가 숲에서는 야생동물들의 먹이자원이 된다. 우리의 식탁을 풍성하게 장식하는 온갖 열매들은 이러한 야생의 열매들을 사람들이 먹기 위해 개량한 것들이다. 씨방의 크기만 집중적으로 육성해서 더 달고 더 두툼한 과육의 과일들을 만들어 낸 것이다. 어쨌든 인간은 자신의 목적을 위해 이들 나무를 안전한 장소에서 집중적으로 보살펴 준다. 결국 그들의 번식과 생존은 인간이 좌우하게 된 것이다.

시금털털한 보리장나무의 열매는 씨앗을 퍼뜨려 주는 새에게 주는 유혹이자 보상이다.

빛을 향한 추종

어린 신갈나무가 정신을 차릴 겨를도 없이 몸은 성장을 개시한다. 점점 길어지고 강해지는 빛이 어린나무를 감싸고 자극한다. 조직의 성장은 곧 세포가 성장하는 것이다. 세포의 성장은 수가 늘어나고 크기가 커지는 것이다. 늘어난 세포마다 늘어난 암호들이 온몸을 완전히 하나의 주문으로 조정한다. 암호의 수가 많을수록 암호에 걸린 주문의 강도도 세어진다. 본능적으로 어린나무는 빛이 강력한 생존의 에너지임을 인식한다. 이러한 본능은 앞으로의 빛에 대한 추종을 예고하는 것이다.

그 어느 나무보다도 부드러운 신록을 자랑하는 어린 신갈나무의 잎들. 신갈나무의 어린잎은 본능적으로 빛을 받기 위해 하늘을 향해 눕는다.

빛을 모으자. 나무에게 공간이란 바로 빛에 대한 경쟁력을 나타낸다. 빨리 자라는 것이 최우선이다. 하늘을 가까이하자. 가지도 필요없다. 그저 우선 자라고 보는 것이다.

어린나무는 모든 힘을 줄기의 중심으로 모은다. 오로지 위로 향해라. 그래서 고지를 점령하여라. 어린나무에게 있어 수직상승은 절대적 사명이다. 나무의 형태가 제대로 갖추어지는지 혹은 얼마나 많은

하늘을 향해 오르는 것은
무릇 나무의 본능이다.

빛을 확보할 수 있느냐는 어린 시기에 얼마나 빨리 자라는가에 달려 있다. 그래서 나무는 당분간 하나의 줄기만을 고집하면서 오로지 위로 자라는 데만 온 힘을 기울인다.

이것이 어려워 포기하고 만 무리도 있다. 물론 선천적 장애를 가진 나무도 있다. 그들은 결코 숲의 주인이 될 수 없다. 언제나 큰 나무에 가려져 큰 나무의 가지 아래 빈 공간에서 삶을 이어가는 무리들이다.

신갈나무는 언젠가 숲의 주인이 되기를 희망하는 나무이다. 아니, 숲의 주인으로 운명 지어진 족속이다. 잔가지를 내고 가지마다 잎을 내고 꽃을 내고 그저 낮은 데서 적은 빛으로 살아가는 무리가 아니라, 숲의 높은 곳에 우뚝 서서 많은 나무를 아래로 거느리고 승리의 왕관을 쓰고 싶은 족속인 것이다. 그래서 어린나무는 이 과정을 극복해야 한다.

나무는 올해만 사는 것이 아니다. 참고 인내하며 기회를 노려야 한다. 길고 짧은 것은 두고 볼 일이다. 그때를 잡을 것이다. 곁가지 무성한 네놈도 두고 보자. 나는 언제까지 참을 수 있다. 어린나무의 오기는 오랜 가문의 전통이 걸어 놓은 거부할 수 없는 주술이다.

빛은 식물이 절대적으로 쟁취해야 하는 자원이다. 빛은 식물이 스스로 양분을 만들게 하는 근원적인 에너지원이다. 식물들은 빛의 움직임에 민감하며 빛의 활동에 모든 생존방식을 의존한다. 따라서 빛이 일시적으로 땅 아래로 떨어져 버리는 밤에는 식물도 잠을 잔다. 일체의 생산활동을 정지하고 숨만 쉬면서 잠깐의 잠을 잔다.

밤낮이라는 현상은 빛과 온도의 변화를 일으키는 현상이다. 식물들은 이 밤낮의 변화에 대해 반응을 보인다. 모두가 빛과 온도 변화에 대한 순응이다.

신갈나무 역시 밤이 오면 잠시 동안이나마 팽팽한 긴장에서 풀려난다. 잎이 아래로 처지면서 줄기는 움츠러든다. 어린 신갈나무는 밤이 오면 숨구멍을 먼저 닫아야 함을 알게 되었다. 뿌리에서 올라오는 물기는 숨구멍이 닫혀야 멈춘다. 뿌리가 쉬는 동안 숨구멍이 열려 있으면 몸의 물기가 그냥 빠져나가 심한 목마름을 겪게 된다. 숨구멍을 닫아야 비로소 몸이 쉴 수 있음을 알게 되는 데에도 그리 긴 시간이 필요하지 않았다. 비록 어리기는 하지만 든든한 줄기를 가진 어린나무는 밤 동안의 체형 변화가 그리 심하지 않다.

그러나 식물 중에는 유난스러운 행동

튤립이 아침 햇살에 활짝 피어나면 수줍음을 잘 타는 하얀 박꽃은 얼굴을 닫는다. **튤립**[위], 박과에 속하는 **하늘타리**[아래]

자귀나무의 아름다운 분홍 수술대와 잠자는 숲 속의 자귀나무. 자귀나무는 밤이 아니더라도 비가 오거나 바람이 불면 잎을 닫은 채 잠을 잔다.

밤이 오면 괭이밥은 잎을 닫아 체열의 발산을 막고 수분의 손실을 방지한다.

으로 밤을 맞이하는 무리들이 있다. 아예 잎을 닫아 버려 앙상한 잎줄기만 보이는 나무로는 자귀나무가 있다. 괭이밥이라는 작은 식물 역시 잎이 닫힌다. 도꼬마리는 잎을 가지런히 세워 귀엽기조차 하다. 아마 체온의 발산을 줄이려고 하는 모양이다. 신갈나무는 한동안 주위 식물들의 이런 반응이 신기해서 밤잠을 설치기도 했다.

봄이 한창 무르익음에 따라 어린 신갈나무 주위로 새로운 생명들이 줄을 이어 피어난다. 푸른 잎이 나오는가 싶더니 노랗고 하얗고 붉은 꽃들이 여기저기 무리지어 피어난다. 참으로 활기차고 아름다운 시절이다. 간간이 몸을 적시는 봄비에 어린나무는 은밀한 흥분을 느끼며 새삼 살아야 한다는 희망으로 몸을 부르르 떤다.

지상에서의 활동이 강하면 강할수록 뿌리로부터 물질 공급이 많이 요구된다. 뿌리로서는 밤잠을 설쳐 가며 물을 끌어 올려도 위에서는 부족하다 아우성이다. 그런 중에 뿌리는 자신을 감고 있는 실 같은 조직들이 마치 또 다른 자신과 같이 여겨지기 시작했다. 하얀 실 다발은 어린뿌리를 완전히 감싸 마치 스스로가 뿌리가 되기라도 하는 양 열심히 물을 끌어다 준다. 실 다발에 싸매어진 뿌리는 더없이 안정적이고 마치 외투를 걸친 듯 안정감과 평온함이 느껴진다. 뿌리는 한번 믿어 보기로 한다.

제1의 여름

따스하던 봄볕이 어느새 뜨거운 햇살로 바뀌었다. 너무 과분한 빛이다. 지나침은 모자람만 못하다고 했던가. 어린싹에게는 과한 빛이다. 다행히 하늘은 큰 나무에 가려져 어린나무에게 도달하는 빛은 다소 누그러져 있다. 잘난 듯 무성히 자라던 풀들도 기운이 한풀 꺾여 있고 어느 놈은 벌써 조락의 기운도 보인다.

　어린나무의 잎은 연한 빛을 잃고 시간이 묻어 다소 두툼하고 투박스러워졌다. 그 동안 지원병 새잎들도 몇 장 나와 있다. 어린잎의 상징인 보송보송한 잔털들도 다 떨어져 나가고 잎은 뻐등뻐등하고 거친 감마저 있다. 잎의 물을 모으기 위해 잎은 위로 살짝 세워져 있으며 바람으로부터 체열을 조절하기 위해 가장자리는 물결치는 톱니 모양을 이루고 있다. 몇 장의 잎무리는 햇빛을 고루 나누기 위해 줄기를 중심으로 방석처럼 빙 둘러 하늘을 똑바로 보고 누워 있다. 햇빛을 바로 보면 숨이 가빠지고 그렇게 되면 수분손실도 많아지게 된다. 아, 숨구멍이 잎 뒷면에 있어야 하는 이유를 알 것 같다. 부족한 것을 위해 몸을 뒤틀고 얻고자 하는 것을 위해 힘을 모아 주는 것, 그것은 어린나무가 성장하는 데 있어 앞으로의 완성을 향한 몸짓의 시작에 불과한 것이다.

　볕이 뜨거워질수록 몸이 달아오르고 목마름이 더해 간다. 어린 신갈나무에게도 땀이 흐른다. 귀중한 수분이 몸을 빠져나가는 것이 안타깝지만 도리가 없다. 과열된 몸은 제대로 된 생장활동을 어렵게 한다. 물을 버리기까지 해서라도 몸을 정상적으로 유지해야 한다. 어린나무는 이미 물을 배출함으로써 체온을 내릴 수 있다는 것을 알고 있다. 그것은 날이 뜨거워지면서 자연스럽게 깨닫게 된 사실이다. 어린나무는 뜨거운 여름 햇빛 가운데 서늘하게 느껴지는 기운을 진작 알고 있었다. 어찌 자신만이 숨구멍을 가지고 물기를 내보내겠는가. 사실 어린나무와 함께 자라고 있는 일대의 모든 식물이 숨구멍을 가지고 물을 내뿜고 있다. 해가 높아질 때쯤이면 잎에서 방출된 수증기와 안개가 자신에게 내려오는 것을 느낄 수도 있었다.

이뿐 아니다. 어린나무는 자신의 잎이 필요로 하는 원료물질이 뿌리를 통해 끌어 올려진 물속에 녹아 있다는 것을 알게 되었다. 물속에 녹아 있는 양분의 양이 하잘것없어 처음에는 실망하기도 했다. 어린나무는 잎이 성장하고 줄기가 성장함에 따라 더 많은 양분을 퍼 올려야 하고 그러기 위해서는 엄청난 양의 물이 지하에서 조달되어야 함을 또한 깨닫게 되었다. 뿌리의 그 부지런함을 나무는 벌써부터 존중하게 되었으며 뿌리에 대한 절대적인 신임을 가질 수 있었다.

문제는 과도하게 끌어 올려진 물에서 필요한 것을 골라내고 나면 이 물은 별 필요가 없어지는 것이었다. 물이 잎 전체에 가득 차게 되니

몸이 터질 것같이 쑤시고 숨쉬기도 어려웠다. 무엇보다 더 이상 물을 끌어 올릴 힘이 사라지는 것이었다. 그래, 물 자체가 필요한 것이 아니었어. 나무는 과감히 물을 버리기로 결정했다. 일단 버리기로 마음먹으니 모든 것이 한꺼번에 해결되었다. 버릴수록 얻게 되는구나. 참으로 놀라운 깨달음이었다.

건조한 바위틈에 자라는 바위솔은 두툼한 잎을 발달시켜 물의 저장능력을 키운다. 돌나물, 채송화와 같은 식물들의 잎은 마치 사막의 선인장과 같이 물을 몸에 저장해 건조한 곳에서 경쟁력을 키운다.

물론 모든 식물이 신갈나무처럼 할 수 있는 것은 아니다. 신갈나무가 물을 버릴 수 있었던 것은 물에 대한 별 어려움이 없었기에 가능했다. 이 세상은 공평하지 않다. 물이 풍부한 곳이 있으면 물이 부족한 곳이 있고 또한 물이 과한 곳이 있다. 건조한 곳에 자라는 돌나물은 자신의 잎을 두툼하게 만들어 물기를 저장한다. 기린초도 마찬가지다. 그래도 물의 부족함을 해결할 수 없어 아예 낮 동안 숨구멍을 닫아 물이 빠져나가는 것을 원천봉쇄했다. 그런데 숨구멍은 물만 나가는 구멍이 아니다. 말 그대로 숨구멍은 식물이 필요한 공기, 즉 생산에 필요한 이산화탄소와 호흡에 필요한 산소를 들이마시고 생산 활동의 부산물인 산소와 호흡활동의 부산물인 이산화탄소를 배출하는 기관이다. 그래서 이런 식물들은 상대적으로 기온이 낮아지는 밤에 숨구멍을 열어 필요한 공기를 모으고 낮에는 숨구멍을 닫고 햇빛만으로 생산 활동을 진행한다. 물론 밤에 들이마신 이산화탄소는 일차적으로 가공을 해야 하는 공정을 새로 만들어야 했지만. 신기하게도 이런 과정은 저 먼 사막의 선인장도 알고 있다.

어린 신갈나무는 자신이 얼마나 보편적인 성질을 타고났는지, 이런 보편성이 자신을 얼마나 효율적이고 훌륭한 개체로 성장시키는지는 아직 모른다.

참으로 숨가쁜 계절이다. 아침의 햇살은 어린나무를 깨우고 신선한 공기는 이파리를 통해 몸속으로 흘러든다. 빛이 있는 동안 몸의 모든 기관과 조직은 정신없이 움직이고 분주한 생명의 작은 알갱이들은 끊임없이 몸속 여기저기로 이동된다. 어린 신갈나무는 뭔가 끊임없는 변화를 하고 준비를 해야 한다는 것을 서서히 그러나 분명하게 깨닫기 시작한다. 여름 동안 잎은 더욱 짙고 푸르러졌으며 줄기도 더욱 튼튼해졌다. 어린나무는 대견할 정도로 부지런하며 열정적인 시간을 보낸다.

제1의 가을

뜨거웠던 햇살이 다시 약하게 변했다. 빛은 계절을 이끄는 잣대이다. 아침저녁으로 서늘한 바람이 불고 무엇보다 빛의 힘도 누그러졌다. 어린나무에게는 자신도 알지 못하는 변화가 일어난다. 본능적으로 무서운 힘이 줄기 끝으로 모아진다. 누렇게 변해가는 잎들 사이에 힘의 중심이 느껴진다. 전에 없던 새로운 것이 만들어진다. 여름 동안의 수고로움이 자신도 알지 못하는 사이에 가지 끝에 눈을 만들고 줄기 속을 뭔가 강직한 것으로 채워 둔다. 이것이 나무가 풀과 구분되는 가장 두드러진 특징이다. 더불어 몸도 무거운 느낌이다. 무엇인지, 어떤 의미인지는 모르지만 어미의 주문은 아직 어린나무를 지배하고 있는 모양이다.

그러나 무엇보다도 나무는 기운을 차릴 수가 없다. 이렇게 졸리운 적이 없는 듯하다. 잎도 이미 말을 듣지 않는다. 물 흐름도 느려지고 숨도 약해진다. 이렇게 주저앉는 것일까. 알 수 없다. 아직 경험하지 못한 것이 남아 있는가. 사는 것은 참으로 힘겹고 다양한 변화의 연속이구나. 하지만 이번에는 좀 느긋하고 편안한 느낌이다. 굳이 저항하고 싶은 마음은 없다. 나무는 그렇게 겨울을 맞이한다.

어린나무는 잠에 빠졌다. 누렇게 말라 있는 잎은 어린나무 곁을 차마 떠날 수 없는지 줄기에 그대로 붙어 있다. 별 의미 없는 바람이 한 번씩 어린나무를 흔들고 지나가기도 하고 겨울의 짧은 햇살이 하릴없이 나무에게 머물다 가곤 한다. 때로는 바람이 심술을 부려 숲 속을 한 번씩 뒤흔들기도 한다. 빗물이 얼음이 되어 하얗게 쏟아지기도 한다. 그러나 어린나무는 여전히 조용하다.

다시 봄

겨울이 지나가고 다시 봄이 왔다. 바람도 진지해졌으며 햇살도 따스하다. 벌써 진달래는 분홍색 꽃을 피워 올리고 있으며 귀룽나무는 푸릇푸릇 가지를 비틀고 있다. 계곡 주위 버드나무의 늘어진 가지는 이미 파랗게 물이 올라 초록의 빗줄기를 연상케 한다. 흙 속의 물이 길을

새잎이 피어나는 가지. 눈을 싸고 있던 수많은 조각들이 벗겨지면서 새잎은 세상을 향해 피어난다.

트고 작은 벌레들도 몸을 움직인다. 알아주는 이 없는 회양목도 꽃을 피운 지 오래다. 산 계곡의 습한 곳으로는 층층나무, 피나무의 겨울눈들이 잠을 깨느라고 발그레한 모습이다. 봄기운은 발그레한 진달래의 기운에서 푸르른 신록의 기운으로, 숲 아래서부터 천천히 배어 나온다. 진달래, 개나리로 익숙한 봄은 아직 사람에게서 떨어져 있지만 이미 봄이 시작된 지 한참이다. 봄은 사람의 계절이 아니라 식물의 계절이다.

어린나무도 잠에서 깨어난다. 희미한 기억이 되살아난다. 부지런하라. 저 땅 밑 뿌리 끝이 벌써 근질거리기 시작했다. 몸서리치게 차가웠던 흙도 조금씩 풀어지면서 뿌리에게 친화의 손길을 보낸다. 몸통도 조금씩 부풀어 오르는 느낌이다. 가지 끝에서도 자꾸 변화가 이는 듯하다. 마음이 설렌다. 그러나 설렘은 고통의 다른 이름인가. 몇 날 동안 마치 몸살을 앓는 듯 쑤시고 저리다. 며칠 후 드디어 줄기의 갸름한 끝이 갈라지면서 겨우내 입고 있었던 비늘잎인편 鱗片, 비늘조각 같은 눈의 외투들이 밀려 나간다. 다행히 뭉툭했던 그 무엇이 정확히 제 모양으로 피어오른다. 그것은 성장의 임무를 부여받은 어린나무의 새로운 식구였다. 어린나무의 성장을 이어갈 새잎은 지난겨울의 묵은잎을 밀어낸다. 새잎이 돋아나는 자리가 이제는 근질거린다.

신갈나무의 새순은 너무도 부드럽다. 어미가 가지고 있었던 억센 이파리를 생각해 보면 그 자손이라는 생각이 들지 않을 정도로 부드럽고 여리다. 잎은 윤이 나면서 노란빛이 감도는 연두색이다. 물길과 양분길이 지나가는 잎맥이 어린 이파리 위에 선연하고 이파리는 약하게 전율한다. 연한 줄기와 잎 표면에는 하얗고 보드라운 솜털이 보송거린다.

신갈나무는 흰색의 털을 가지고 있다. 나무의 털은 잎의 표피조직이 비이상적으로 돌출되어 만들어진 것으로 마치 뿌리털과 같은 구조다. 잎의 털은 여러 가지 기능을 가진다. 대체로 털의 모양, 색에 따라 역할이 다르다. 흰색의 털은 햇빛을 반사시키는 역할을 한다. 건조한 곳에서 자라는 굴참나무의 잎 뒷면에 밀생한 하얀 털이 대표적인 예다. 아주 빽빽하게 밀생한 털은 수분 손실을 줄이는 목적이다. 끈적이는 털은 부드러운 엽질 속에 갱도를 만드는 작은 섭식곤충을 골탕 먹이기 위한 장치이다. 그리고 붉은 색의 털, 특히 어린나무들의 붉은 털은 공격자들을 물러서게 만드는 경고용이다. 신갈나무의 보드라운 잎은 털도 보드랍다. 털 아래로 작은 물방울들이 맺힌다. '애송이'라는 말은 얼마나 사랑스럽고 앙증맞은 소리인가.

그렇다. 겨울은 조용히 보내는 시간이었던 것이다. 끝이라고 느껴졌던 그 무시무시한 북풍한설이 지나가면 이렇게 따스한 봄날이 기다리고 있다. 나무는 다시 한 번 살아 있다는 사실이 경이롭게 다가왔다. 부지런함이 절로 일어난다.

새로 생겨난 가지는 초록으로 연하다. 묵은 마디는 다소 거칠어 보이지만 그래도 봄기운으로 축축하게 부어 있다. 어린나무는 저 높은 곳에서 노려보는 나무의 가지도, 옆에서 자라오르는 풀잎도 이제 이겨 낼 수 있을 것 같은 기운이 느껴졌다.

주위에서 함께 겨울을 이겨 낸 동지들도 보인다. 그들 역시 두 배 이상의 몸집으로 커져 있고 똑같이 봄을 환영하고 있다. 벌써 한 가지는 부딪쳐 온다. 그리 기분 나쁠 것 없는 마찰이 일어난다. 동지들로 인해 위세당당하였던 풀잎은 저만치 피해 있다. 그렇구나. 여럿이 함께하니 힘도 배가 되는구나. 하나가 아님이 너무나 든든하고 흐뭇하다.

그래 일단 자라고 보자, 자라다 보면 극복할 날이 있겠지. 이미 내 눈 아래로 보이는 무리의 크기가 커졌다. 어떤 놈들은 무슨 일인지 모르겠지만 아직 깨어나지도 못하잖아. 소나무들이라 해도 그 끝이 보이지 않는가. 저 지구의 반대편에 자라는 레드우드나 자이언트세쿼이아 숲이었다면 신갈나무는 진작 포기했겠지만, 다행히 이곳의 나무들은 충분히 해볼 만하다. 나무는 흥분으로 온몸이 부풀어 오른 느낌이다. 새들의 재잘거림과 부드러운 바람과 따스한 햇살이 봄을 부추긴다. 나무는 다시 한번 한해살이를 서두른다.

식물의 털

눈에 잘 보이지는 않지만 대부분의 식물들은 털을 가지고 있다. 줄기에 돋은 털, 잎의 앞뒤를 빽빽이 메운 털, 잎의 가장자리를 따라 돋아난 털, 꽃잎에 난 털, 열매에 붙어 있는 털, 잎맥에 난 털, 암술대에 난 털, 수술대에 난 털, 씨방에 난 털 등등 식물 중에서 이런저런 털 하나쯤 갖추지 않은 것은 거의 없을 것이다.

식물의 털은 대부분 표피세포 하나가 변형된 것들이다. 식물의 털 모양은 식물의 종류만큼이나 천차만별이다. 하나의 세포에서 단순히 길게 삐져나온 것, 하나로 나서 둘로 나뉜 것, 여러 가지로 갈라진 것, 여러 개의 세포로 이루어져 별 모양으로 갈라진 것, 나무 모양의 것, 국화꽃 모양의 것 등 들여다보는 수만큼 색다른 것이 나타난다.

이렇듯 다양한 곳에서 다양한 모양으로 존재하는 털은 단순한 변형에서부터 방어무기까지 역할도 다양하다. 식물 잎의 무수한 털은 우선적으로 잎에 떨어지는 수분이나 수증기를 모아 물방울로 만들어 이용가치를 높이며 한편으로 자신의 수분 증발을 방지하는 역할을 한다.

이러한 현상은 늘 바람이 불어 건조해지기 쉬운 고산지대에 자라는 식물들에게서 흔히 볼 수 있다. 서양민들레, 달맞이꽃, 개망초, 꽃다지와 같이 겨울에 로제트_{겨울을}

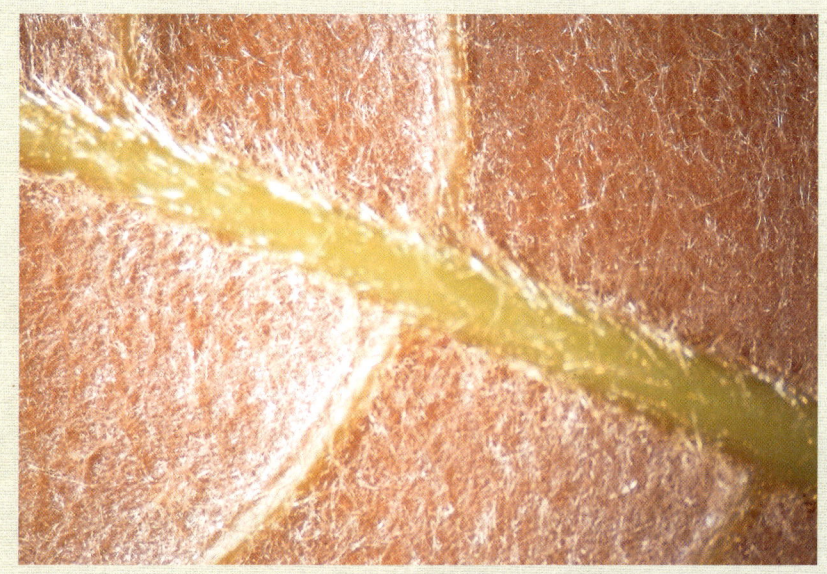

어린잎 뒷면의 털(해부현미경으로 20배 확대한 사진)

나기 위한 방석 모양의 잎무리 조직를 형성하는 식물들도 거의 한결같이 보송보송한 솜털로 싸여 있다. 이들은 수분의 증발을 막을 뿐만 아니라 한겨울의 외투와 같아서 체온이 내려가는 것을 막아 준다.

한편 갯벌이나 해안가에서 자라는 식물들은 항상 흙 속의 염분으로 인해 고통받는다. 수분과 함께 흡수된 염분을 제대로 배출하지 않고 체내에 쌓아 두면 말 그대로 소금에 절인 배추 꼴이 된다. 따라서 이러한 곳의 식물들은 흡수한 염분을 표피세포의 털 속으로 배출한다. 대개 털은 자꾸 생기면서 떨어지므로 효과적인 방법이 될 수 있다.

일부 식물의 털은 유독 물질을 분비하여 자신을 보호하는 수단으로 삼기도 한다. 이

식물의 털은 잎, 줄기, 꽃 열매, 눈 등 거의 모든 조직에서 생겨날 수 있다. 식물의 털은 건조한 곳에서 수분을 붙잡거나 몸의 노폐물을 제거하거나 보온성을 부여하는 등 다양한 기능을 한다.

1 앵초의 보습성 털
2 참식나무 새잎의 보습성 털
3 버드나무 눈의 보온성 털

러한 예의 걸작은 단연 쐐기풀이다. 쐐기풀의 털은 풀잎 가장자리에 위치하는데 털 끝이 예리한 유리질 바늘로 되어 있다. 털의 뿌리 부분에 있는 저장실에는 독이 가득 들어 있어 털이 피부를 찌르면 이 독이 상처를 통해 들어간다. 이 독은 초식동물들에게 매우 큰 고통을 준다.

맥주의 원료가 되는 홉의 털에서는 루프린이라는 물질이 분비되는데 이것이 맥주의 향과 쓴맛을 낸다. 이와 같이 일부 식물은 털에서 특수한 물질을 분비하는데 각각 자신을 보호하기 위한 수단이 된다. 이렇게 물질 분비선이 있는 털을 '선모腺毛'라고 한다.

모든 식물의 털 중에서 가장 적극적인 기능을 부여받은 것이 식물의 뿌리털이다. 실제적으로 토양 속의 물과 양분을 흡수하는 조직은 뿌리의 미세한 털이다. 가는 뿌리의 표피세포 일부가 길게 변형된 뿌리털은 토양 속의 으뜸 일꾼들이다.

한편 일부 식물의 털은 동물의 피부를 자극하는 성가신 존재가 되기도 한다. 봄철에 도로를 날아다니는 포플러나무의 솜털이나 플라타너스의 잎이나 열매의 털은 사람들의 피부를 자극하여 사회문제로 대두되기도 하였다. 그래서 한때 식물의 솜털이 알레르기를 일으킨다고 인식되었으나 이러한 털 성분이 알레르기를 일으키는 주범은 아니다.

앞서 말한 대로 털은 표피세포의 일부가 변형된 것으로 주성분이 탄소로 이루어져 있다. 알레르기 반응은 일종의 항원-항체 반응으로 단백질 성분이 관여하는 과정이다. 따라서 식물의 털은 진정한 의미의 알레르기를 유발하는 것이 아니라 사람의 피부를 자극함으로써 가려움증 등의 문제를 유발하는 것이다.

플라타너스는 말 그대로 털북숭이인데 잎의 앞뒷면은 물론이거니와 잎자루에도 하얀 털이 빽빽하게 뒤덮고 있다. 이런 털은 잎이 자라면서 차츰 떨어져 나가기 시작하여 낙엽이 질 즈음에는 거의 없어진다. 그런데 플라타너스의 이 솜털은 도심의 훌륭한 청소기 역할을 한다. 도심의 공기 중에는 미세한 먼지나 분진, 오염물질들이 많이 떠다니고 있다. 플라타너스는 기공을 통해 이러한 물질을 흡수하기도 하지만 잎의 표면에 붙어 있는 털이 이들 공해물질들을 잘 흡착하여 공기를 청소해 주는 것이다. 그래서 플라타너스는 주로 도심 대로변의 가로수로 많이 심어져 있다. 플라타너스는 영국 런던 가로수의 60퍼센트를 차지하며 세계 3대 가로수의 하나이다.

셋, 생장을 위한 전략

13세의 청년 신갈나무

숲의 시간이 흐른다. 봄과 여름과 가을과 겨울이 끝없이 반복된다. 나무에게 계절의 반복은 성장의 약속이다. 나무는 위로 자라오르고 뿌리는 아래로 뻗어 내린다. 제법 자란 나무의 줄기에는 나무가 겨울을 보낸 횟수만큼의 마디가 생겨 있다. 마디 간의 길이는 한 해 동안의 성장을 기록하고 있다. 정확하게 13개의 마디 중 일부는 줄기에 문드러져 묻혀 있으며 일부는 길게, 일부는 짧게, 그리하여 평탄하지 못했던 지난 시간을 말해 주고 있다. 잎도 제법 무성해져 그늘을 드리운다.

시간이 흐르면서 청년으로 자란 나무는 본격적으로 살아가는 방법을 익히기 시작한다. 경쟁에 있어서는 본능이 우선하지만 내부적으로 생장을 일구는 데는 본능보다도 계획적인 의지가 더욱 중요했다. 신갈나무는 이제 숲의 전사가 되었다.

나무로서는 대단히 성공적인 셈이다. 어느새 그에게는 성장의 법

신갈나무의 마디 생장. 마디 간의 길이는 한 해 동안의 성장을 보여 준다.

칙이 정해져 있다. 그것은 마치 제2의 본능과 같아서 봄이 오면 정확하게 나무의 성장을 지배한다.

동지는 여분의 공간

신갈나무의 성장이 배가될수록 더 많은 빛과 물과 양분과 공간이 필요하다. 봄과 더불어 깨어난 나무는 제일 먼저 공간에 대한 탐색을 한다. 청년 나무는 생각한다. 더 많은 공간이 필요해. 미움도 원망도 아닌 원초적 본능으로 나무는 누군가 희생해야 함을 감지한다.

내가 아니면 동지가 혹은 적이 차지한다. 애초에 동지는 없었는지도 모른다. 힘이 서로 부족할 동안에는 드러나지 않다가 본격적으로 힘이 필요할 때 서로 본색을 드러내고 동지로서의 이성을 잃어버린다. 또 하나의 본능이 더해지는 것이다.

그저 먼저 차지하는 것이 중요하다는 생각이 강하게 전해진다. 강자는 더욱 강해지고 약자는 더욱 약해진다. 거역할 수 없는 힘이다. 본능, 이 얼마나 강력한 생명에의 집착인가. 차지하지 않으면 빼앗긴다. 공간도 물도 빛도 양분도 어느 것 하나 양보할 수 없는 자원들이다. 동지의 의미는 여분의 공간이었던가. 하나가 파괴당하면 주변이 수월해진다. 너무 무자비하다. 식물사회에 애초부터 평화란 없었다.

이웃하는 동족 역시 내 자리를 양보할 수 없는 경쟁자이다. 누군가는 희생을 감수해야만 한다. 희생자의 자리는 승리자의 영광으로 거듭난다.

그것은 사람들이 지어낸 허구이다. 아니, 몰상식이다.

자신이 살기 위해 다른 것을 파괴하고 심지어 종족을 해하는 일은 무릇 생명의 본성인가. 평화, 힘의 균형이란 허울에 불과하다. 자신들의 삶이 치열하면 치열할수록 평화에 집착하는지도 모른다. 사람들이 평화에 집착하고 숲을 평화로운 곳으로 이해하려는 것은 그만큼 그들의 삶이 치열하다는 반증인지도 모른다.

신갈나무의 온 신경은 오로지 지키고 차지하는 데 모아져 있다. 이렇게 하지 않으면 내 자신이 누군가에 의해 당하고 만다. 이것이 바로 삶이다, 하고 나무는 생각한다.

이제 동지의 진가는 죽음으로 공간을 마련해 줄 때, 그 죽은 몸이 썩어 양분이 되어 줄 때 비로소 드러난다. 그제서야 동지의 명복을 빌어 줄 수 있다. 야생의 초원에서 산양의 무리는, 어리고 부족한 동료를 희생시킴으로써 집단의 안전을 보장받는다. 다수의 동료는 단지 자신이 공격당할 확률을 낮추는 데 의미가 있을 뿐인가. 그렇다면 더 높은 세상에는 또한 얼마만큼의 강도를 지닌 삶이 있을까.

더욱 치밀해져야 한다. 빈틈이 클수록 당할 확률도 높아진다. 청년 나무는 더욱 긴장하고 더욱 분발한다. 뿌리는 동료를 무시한 채 옆으로 뻗어 닥치는 대로 뚫거나 감아 버린다. 물과 양분을 찾은 즉시 자신에게로 끌어댄다. 봄은 그리고 여름은 이제 더 이상 찬미의 계절이 아니다. 그것은 오로지 투쟁과 몸부림의 계절이다. 나무에게 당분간 성장은 치열한 투쟁이다.

　나무는 높이 자라기에도 힘쓴다. 큰 키는 상대적으로 적을 누를 수 있는 가장 강력한 무기가 된다. 봄이 진행되는 동안에는 가능한 한 많은 양의 잎을 만들고 우선적으로 키를 키운다. 당분간 옆 가지는 아주 긴박하지 않는 한 최소한으로 해야 한다. 될 놈부터 키우는 것이다. 틈이 보이는 곳을 집중적으로 공략하도록 한다. 따라서 필요한 경우에 나무는 휘어지는 법도 배워야 한다. 바람이 부는 쪽은 가급적 피하도록 한다. 부득이 틈이 부족하면 참고 기다리는 것도 한 방법이다. 하지만 틈을 비집고 크게 키워 올리는 것이 제일의 원칙이다. 만일 틈이 여러 곳에서 보인다면 집중적으로 가지를 피워 올려 충분한 공간을 차지해야 한다. 넓은 몸집은 최후의 목표이다. 만일 물과 양분이 부족하면 뿌리를 보강해야 한다. 필요하다면 다른 족속들의 뿌리를 파고 들어갈 수도 있다.

　나무는 품과 높이가 공평하게 성장한다. 신갈나무의 둥근 수형은 여러 가지 이점이 있다. 넓게 드리워진 그늘은 다른 경쟁자들을 제압한다. 또한 그늘은 토양의 열을 식히고 토양의 물기가 마르는 것을 방지한다. 키가 큰 나무의 경우 뿌리에서 나무 꼭대기까지 물을 끌어 올리는 데 경쟁력이 약해진다. 물이 오르는 현상은 말 그대로 중력을 반하는 것이 아닌가. 신갈나무의 너른 수형은 수분 상승의 어려움을 극복할 수 있다. 줄기 끝이 가늘어지면서 다시 여러 개의 잔가지로 나눠지면 비록 큰 줄기는 줄기로서의 위용은 잃겠지만, 대신 나무는 그 어떤 나무보다 광대한 네트워크를 갖게 된다. 필요하다면 다른 족속들의 뿌리를 파고 들어갈 수도 있다. 나는 숲의 주인이 될 테다. 신갈나무는 미래의 숲의 주인으로서 맹세한다.

투자효율의 법칙

한편 신갈나무는 생장의 효율을 위해 몸을 생산조직과 저장조직으로 구분한다. 생산조직으로는 광합성을 통해 탄수화물을 생산하는 잎을 주요 책임자로 하였지만 간혹 줄기가 도울 수 있도록 지시해 놓았다. 잎은 식물에게 있어 사실상 가장 중요한 기관이며 생략할 수 없는 기관이다. 상황이 불리하여 구조조정이 불가피하더라도 잎에 대한 영향은 최소화해야 한다. 땅 위를 기는 양딸기는 줄기나 뿌리의 감축은 있었지만 이파리만은 세 장씩 달고 있다. 벼과科 식물이나 사초과科 식물들 역시 줄기는 비록 빈약하더라도 잎은 아주 무성하게 달려 있다. 나무는 아예 몇 년간을 꽃눈은 만들지 않고 잎만 만들어 간다. 잎을 많이 만드는 일은 생산설비를 갖추는 것과 같다.

공장에서 생산된 산물은 저장고로 이동시켜 비축해 놓아야 한다. 식물의 생산조직에서 생산되는 물질은 탄소화합물질로서, 일차적으로 식물 체내에서 이동이 가능한 설탕의 형태로 돼야 한다. 이들 물질은 만들어지는 대로 곧 잎의 저장고에 임시로 보관된다. 그리고 밤이 되면 임시 저장고에서 꺼내 본격적인 수송을 한다.

이동된 물질은 안전과 활용의 신속성을 위해 여러 곳으로 분산 배치된다. 이때 뿌리와 줄기 그리고 열매를 우선적인 저장고로 이용한다. 뿌리와 줄기가 저장조직이라고는 하지만 이들은 열매와 달리 기본 골격에 해당하기도 한다. 열매는 청년 나무로서는 아직 때가 이르다. 이들 기관에 수송된 설탕들은 오랜 기간 동안 저장에 안전한 전분의 형태로 바뀌었다가 필요가 발생하는 조직을 만들 계획이다.

저장된 물질들은 신갈나무의 투자계획에 따라 각 기관으로 배분된다. 배분과 투자의 기준은 외부환경에 대한 이용의 효율을 극대화하는 방향으로 이루어진다. 나무에게 가장 중요한 환경요인은 빛, 수분 그리고 양분이다. 빛은 땅 위에서 일어나는 요인이며 수분과 양분은 땅 밑에서 영향을 미치는 요인이다.

만일 땅 위에 다른 식물들이 많거나 빛 환경이 부족한 경우 식물은 빛을 많이 확보할 수 있도록 투자를 활발히 한다. 즉 줄기나 가지의 생산을 늘리고 빛을 받을 수 있는 조직인 잎을 만드는 데 주력한다. 나무는 신속히 줄기성장을 하고 키가 높아진다. 신갈나무 그늘에서 자라는 나무들이 빛을 차지하기 위해 가늘고 긴 줄기를 키워 내는 것을 보아 왔다. 한편으로 자신보다 높은 위치에서 빛을 한껏 받고 자라는 나무는 짧고 실한 가지에 두껍고 실한 잎을 만드는 것도 보아 왔다. 상황에 맞게 몸의 유연성을 가진다는 것, 나무가 다양한 환경 속에서 살아가는 원동력이다. 상황에 따라 신속하게 반응하기 위해서는 상당량의 양분이 확보되어야 한다.

만일 땅속이 치열하다면 혹은 지상부가 넉넉하다면 뿌리의 성장에 집중하라. 뿌리가 성장하는 것은 크게 두 가지 면에서 이점이 있다. 광대한 뿌리조직은 물과 양분에 대한 경쟁력이며 동시에 지상부의 성장을 감당하는 균형점이 된다. 혹여 그 어미와 같이 몸뚱이가 잘리는 불행에 처해지더라도 새로운 줄기를 키울 수 있는 것도 뿌리의 힘이다. 과연 잎도 없는 그루터기에서 줄기가 나올 수 있는 힘이 뿌리의 영양물질이 아니고 무엇이겠는가. 또한 겨울 동안 가장 확실한 물질 저장고의 역할도 하니 뿌리에 대한 투자는 아무리 해도 지나침이 없다.

어린 시절 신갈나무는 생산하는 것의 반 이상을 뿌리 속에 저장해 두었다. 어느 해인가부터 신갈나무는 삶에 대한 자신감을 가질 수 있었고 이른 봄을 틈 타 중심 줄기를 멋지게 쏘아 올렸다. 얼마나 신나는 일이었던가. 뿌리 속의 양분을 꺼내어 필요한 곳으로 이동시킬 때의 그 당당함과 뿌듯함이란. 지금의 안정감은 그때의 투자 전략이 유효했기 때문이다. 신갈나무는 그때의 일을 계기로 더욱 효율적인 투자 전략에 힘써 왔다. 이로서 생존 전략 제1장이 완성되었다.

몸의 분업이 결정되면 생산공정에 알맞은 인원 배치를 해야 한다. 줄기가 길어지고 가지가 벌어짐에 따라 모두 자신의 잎이지만 위치에 따라 빛을 받는 각도나 양이 다르다. 줄기 끝은 아무래도 빛이 많이 도달한다. 그러나 아래쪽 가지나 안쪽 가지는 자신의 그늘에 가려 빛의 양이 아무래도 적다. 기본적으로 나무는 사유재산을 인정하는 자본주의이다. 그러다 보니 전체적인 생산효율을 높이려고 하는 것은 당연하며 많이 생산하는 조직이 많이 차지하는 것도 당연하다.

일단 나무는 빛이 많이 드는 높은 곳의 외곽에는 일솜씨가 좋은 기술자들을 배치한다. 양엽이다. 장비도 적극적으로 지원한다. 두께도 두툼하고 색도 짙다. 엽록소는 차곡차곡 배치하여 생산효율을 높였다. 높아지는 온도에 수분이 손실되는 것을 막기 위해 왁스칠도 단단히 해둔다. 반대로 아래쪽이나 안쪽에 있는 일꾼들에게는 최소한의 지원만 한다. 따라서 두께도 얇고 색도 옅다. 음엽이다. 상층 잎 사이로 떨어지는 불확실한 빛을 가능한 많이 받기 위해 잎은 넓게 퍼져 있다. 내부적으로는 엽록소도 흩어 놓아 산발적인 빛 조건에서 광합성을 수행하도록 하여 그런대로 수지를 맞추었다.

빈익빈 부익부라 했던가. 양엽은 더욱 활기찬 생산을 통해 자신의 살집을 불리고 음엽은 그나마 빛이 줄어들면 생기도 없고 누렇게 뜬다. 별 도리 없다. 양엽은 나무의 전사들이다. 어찌 보면 신갈나무 한 해 살림밑천을 만들어 내는 데 일등공신이라 달리 불평할 수도 없다. 그저 더 빨리 더 높이 자라 햇빛을 많이 차지하는 수밖에. 아마 이런 조금씩의 변화가 진화라는 변화의 연속적 흐름을 만들고 새로운 종의 탄생을 가능하게 했는지도 모른다.

환경 우선의 법칙

그러나 무조건 높이 자라는 것만이 능사는 아니다. 때로 거센 바람이 불어오는 곳에서는 바람을 피해 주저앉을 수밖에 없다. 높은 곳에 자리 잡은 신갈 무리는 몸집도 왜소하고 가지도 움츠러져 있다. 주목이나 잣나무나 향나무는 아예 누워 자라는 무리를 형성하였다. 이때야말로 생장보다 생존이 우선된다. 곧고 강직하게 자라면 좋겠지만 사정이 어려운 것은 갈래로 나뉘고 키도 작아진다. 다 자라야 고작 2~3미터에 불과하다. 몸이 휘어지거나 틀어져 고생에 인이 박인 고단한 모습으로 자라는 놈도 있다.

아주 높은 곳에서 자라는 놈은 일찍부터 키 크기를 포기해야 한다. 제아무리 숲의 주인이 될 나무라 하더라도 기온이 낮고 바람이 거센 고산기후에서 성질대로 하기에는 위험부담이 크다. 수시로 얼었다 녹았다 하는 흙은 약간의 바람에도 쉽게 흘러내려 부서지고 흩어진다. 얕은 토양은 뿌리를 지탱하기에 턱없이 부족하고 쉼없이 불어 대는 바람은 몸을 날려 버릴 기세이다. 계절도 짧고 빗물도 얼어붙는다.

따라서 이런 열악한 곳에서 나무는 높이 자라지 못한다. 오히려 난쟁이 모습이 유리하다. 옆으로 휘어지고 굽어진 모습은 고단한 환경을 이겨낸 훈장들이다. 숲의 신사 자작나무는 희고 깨끗한 양복을 입고 쭉쭉 뻗어 있으며, 정갈하고 가지런한 잎들에게서 궁색함이라고는 찾아볼래야 찾아볼 수가 없다. 그러나 설악산의 정상에서 자라는 사스래나무는

고산의 신갈나무는 강한 바람을 맞아 키가 작고 잎이 억세다.

아무런 궁핍의 흔적 없이 마음껏 자라는 자작나무 – 저지대에서 곧게 자라는 자작나무와 달리 고산에서 자라는 사스래나무는 바람을 피해 누워 자란다. 노랑만병초의 줄기는 높게 자라지 않고 바닥으로 퍼져 자란다.

같은 사촌지간이지만 줄기는 휘어지고 뒤틀려 있으며 이파리도 아주 작게 만들어져 절제와 궁핍의 흔적이 여기저기 보인다.

고산지역은 여름이 짧아 식물들의 생장기간도 제한적이다. 따라서 저 아래에서는 잎이 나고 꽃이 피고 열매를 맺는 과정이 한 해 동안에 마무리되지만, 고산의 식물들은 기상조건이 극히 나쁠 때는 잠시 생장을 멈추기도 하고 어느 해는 꽃을 만드는 일을 중단하기도 하는 등 대개 긴 생활사를 갖게 된다.

나무들은 뿌리를 깊고 광범위하게 뻗으며 한편으로는 줄기를 구부려 바람이 불어오는 쪽을 등진다. 흙을 뒤져 보면 모든 나무들의 뿌리가 서로 뒤엉켜 어느 것이 어느 것의 뿌리인지 가려낼 수도 없다. 서로를 의지하여 그물처럼 얽혀 있는 것이다. 또한 바람의 저항을 줄이고 양분을 절약하기 위해 작은 잎을 만들어 건축비용도 절감하고 있다.

나무만이 아니다. 야생화들은 한여름에도 영하로 내려갈 수 있는 기온에 대비하여 중무장을 하고 있어야 한다. 몸 전체에 잔털의 보드라운 담요를 걸친다. 잎은 바람에 대한 저항을 줄이고 가능한 한 많은 햇빛을 받기 위해 방석처럼 가로로 퍼져 누워 있는 것이 유리하다. 두툼한 잎자루들은 물을 가득 머금고 있어 바람에 의한 건조를 이겨낸다. 잎들은 줄기를 빙 둘러 촘촘히 붙어 있어 떨어지더라도 잎무리에 걸리기 때문에 결국 자신이 흡수할 수 있는 양분 저장고 역할을 하

고산의 백미 왜솜다리의 두툼한 털외투

게 된다. 또한 잎줄기는 잎이 떨어지더라도 오랫동안 줄기를 감싼 채 남아 있어 따뜻한 외투 역할을 한다. 고산지대 야생화의 백미 솜다리_{일명 에델바이스}, 바위취, 솜방망이 등은 하나같이 온몸이 하얀 솜털로 덮여 있다.

  고산지역은 낮은 기압으로 인해 서식하는 곤충의 수도 제한적이다. 따라서 고산에 피는 꽃들은 곤충이 날아드는 시간에 맞추어 꽃을 피워야 한다. 꽃들은 곤충에게 효과적으로 잘 보이기 위해 유난히 화려한 색으로 치장한다. 보라색, 자주색, 붉은색 등 화려한 색상과, 자신의 몸에 비해 유난히 큰 꽃, 그리고 곤충들이 안전하게 머물 수 있도록 통꽃 모양을 선호한다. 고산의 야생화는 그 화려한 모양에 매력이 있는 것이 아니라 혹독한 시련에 맞서 찬란하게 피어오르기에 더욱 매력적인 것이다.

수목한계선

일정한 높이에 이르면 나무는 갑자기 사라지고 풀들만이 자라는 수목한계선이 나타난다. (백두산)

높은 산을 오르다 보면 갑자기 시야가 넓어지며 키 큰 나무들이 사라지고 덤불과 억센 풀들만이 자라는 고산의 독특한 식생대를 만나게 된다. 산의 정상에서 내려다보면 일정 높이에서부터 갑자기 이런 현상이 나타나 마치 큰 띠를 둘러친 것처럼 보인다. 이

다행히 수목한계선을 벗어나 자리를 잡았다 해도 사는 것이 시련이다. 바람에 맞서 자라는 산꼭대기의 나무들

러한 것을 전문용어로 '수목한계선', 영어로는 '팀버라인 timber line'이라고 하는데 키가 큰 나무들이 더 이상 자랄 수 없는 한계를 이른다.

   산의 고도가 높아지면 기압이 낮아지면서 공기가 단열팽창해 주위의 기온이 내려가게 된다. 지형이나 위도에 따라 약간씩의 차이는 있지만 우리나라에서는 대체로 100미터 올라갈 때마다 0.5도씩 기온이 내려간다. 따라서 해발 2천 미터 높이의 산에 오르면 기온은 해수면에 비해 10도가 낮다. 일반적으로 해발 1,500미터 이상을 아고산亞高山 지역이라 하는데 이곳은 통상적으로 기온이 산 아래보다 6~7도가 낮아 한여름에도 서

세상에서 가장 키가 작은 버드나무의 일종인 키버들 – 진달래를 닮은 좀참꽃나무(백두산)

설악산 정상 부근의 눈잣나무 군락 – 아무리 높은 고산이라도, 아무리 작은 키라고 해도 열매를 맺는 일은 생략할 수 없다. 그것은 곧 생명이기를 포기하는 것이다. 사진은 장백산(백두산)의 들쭉나무

늘하게 느껴진다. 한편 고산에는 늘 심한 바람이 불어 기온은 더욱 내려가는데 설악산 대청봉에는 한여름에도 서리가 내리곤 한다.

따라서 이런 아고산대 지역에서는 나무가 자라기는 해도 바람에 의해 나무의 키가 제한을 받아 관목 크기로 자란다. 저지대의 신갈나무가 아고산대로 오면 1미터 이내의 난쟁이로 자라는 것이다. 따라서 이런 아고산 지대에는 관목이나 관목형으로 자라는 나무들로 채워진다.

해발 2천 미터 이상 높은 지역에서는 이것마저 제한을 받아 아예 짧은 기간 동안 살아가는 초본 위주의 초원이 형성된다. 고산의 툰드라지대라 불리는 이런 곳은 세계적으로 아름다운 고산 초원을 이루는데 에델바이스로 유명한 스위스 알프스 고산지대나 메발톱꽃이나 두메양귀비로 유명한 백두산 고원의 초원지대들이 여기에 해당한다.

그나마 해발 3천 미터 이상인 곳에서는 아주 제한적인 식물 이외는 살아갈 수 없다. 이곳에서는 단지 햇볕에 의해 한낮의 온도가 높이 올라가는 바위 위에 일부 이끼나 지의류地衣類, 균류와 조류algae의 공생체만이 살 수 있다. 위도상 알래스카 지역에 해당하는 것이다.

다행히 신갈나무가 자라는 곳은 나무의 습성이 최고로 발휘되는 산이다. 적당한 고도에 있어 무서운 사람들로부터 떨어져 있으며, 정상에서 암벽을 타고 흘러내린 흙이 힘을 잃고 뭉쳐져 제법 두꺼운 토대를 만들어 주고 있다. 자라고자 하는 본성을 마음껏 펼칠 수 있는 곳에 나무는 위치하고 있는 것이다.

미래를 위한 대비

해가 거듭될수록 봄에 시작되는 투쟁의 강도는 더해가고 매번 여름이 오면서 미래지향적으로 된다. 여름은 언제나 막강한 힘을 나무에게 내려 준다. 나무는 이 힘을 이용해 한 해 살림의 가장 큰 밑천을 만든다. 동시에 여름은 다음 성장을 위한 준비를 해야 할 때이기도 하다. 아니, 본격적인 투쟁을 위한 대비를 해야 할 때이다.

봄에 만들어진, 정확하게 지난여름에 주문된 이파리들은 엄청난 가동률로 여름에는 생산에 불을 붙인다. 일이란 한꺼번에 해치울 때 가장 좋은 결과를 얻는 듯하다. 나무는 생산한 것을 재빠르게 활용한다. 이번 여름은 다시 내년 봄을 예약해야 한다. 저 막대한 햇빛은 나무에게 더없는 영광이요 축복이다. 최우선 과제는 내년에 필요한 병력을 보강하는 일이다.

성장의 약속. 나무는 잎이 한창 나 있을 때 다음 해의 성장을 대비한다. 벚나무와 목련의 눈

 생명의 원기를 모아야 한다. 모든 것을 차근차근 준비할 필요가 있다. 이제까지는 본능적으로 눈이 만들어졌다. 하지만 살아간다는 것이 오랜 시간 동안에 일어나는 과정임을 나무는 이미 깨달았다. 모든 것을 확실하게 해 나갈 필요가 있다. 눈이란 말 그대로 생명의 원기이니 얼마나 소중한 것인가. 하지만 크게 치장하여서는 안 된다. 눈은 오랜 시간을 참고 견디어야 하는 것이다.
 신갈나무는 가장 충실한 놈을 가지의 끝에 올려놓는다. 그들은 내년에 최전선에서 세력을 확장시킬 전사들이다. 나무는 만일을 대비해 예비눈을 만들어 둔다. 예비눈은 정예부대의 양쪽으로 배치한다. 그래야 정예부대에 비상사태가 발발하더라도 가장 빨리 보강할 수 있을 테니. 나무는 눈에 대해 특히나 욕심이 많다. 눈은 다음 해의 전사

회나무의 눈 – 신갈나무의 눈. 신갈나무는 내년에 자랄 귀중한 눈을 단단한 비늘잎으로 무장시킨다.

들이다. 두 개의 보조 눈으로 만족할 수가 없다. 그래서 잎겨드랑이마다 눈을 배치했다.

눈을 만드는 기술도 대단히 중요하다. 가을이 지나 겨울에 접어들면서 잎은 누렇게 말라 떨어지지만 눈은 나무껍질에 붙어 그대로 겨울을 버티어야 한다. 몇 번의 겨울을 지내는 동안 단련되고 단련된 나무 기둥이 또 한 번의 겨울을 맞는 것은 별 어려움이 없다. 나무로 태어난 이상 겨울을 맞는 것은 예정된 운명이므로 새삼 두려워할 일도 아니다. 하지만 눈은 아직 추위가 무엇인지, 비바람이 무엇인지조차 모르는 갓난아이다. 조직은 아직 연하고 겨울을 맞아 본 경험도 없다. 이 어린눈은 다음 해에 자랄 가지를 만들어야 하는 막중한 임무를 띠고 있으니 뭔가 특별한 조치를 취해 주어야 하겠다. 신갈나무는 그런 점에서 매우 자상하다.

　우선 신갈나무는 연하고 보드라운 어린싹을 제일 안쪽에 차곡차곡 포갠다. 사이사이로 끈적끈적한 방수액을 채우고 푹신푹신한 솜털도 입힌다. 크기를 최소화하기 위해 가능한 한 밀착시킨다.

　다음으로 어린눈이 겨울을 날 수 있도록 아주 특별한 월동장비를 눈에게 입혀 준다. 나무는 우선 긴 겨울 동안 추위와 비를 견디어야 하는 눈에게 부드러운 솜으로 만들어진 겹겹의 옷을 안쪽으로 입힌다. 바깥쪽에는 매끈하고 질긴 눈 껍질아린 芽鱗을 또한 겹겹이 입힌다. 눈 껍질이란 말 그대로 눈을 감싸고 있는 조각들로 눈을 보호하는 것이 최고의 목표이다. 나무는 이런 옷만으로는 안심이 안 되는지 다시 끈적끈적한 방수액을 바르기로 한다. 이 방수액은 눈보라가 스며드는 것도 막아 주지만 몰염치한 벌레들이 들어오는 것도 막아 준다.

　많은 종류의 나무들이 눈을 준비하는 과정은 서로 닮아 있다. 아주 이른 봄에 꽃을 피우는 목련의 겨울눈을 한번 상기해 보라. 하얀 솜털이 푹신푹신할 정도로 눈을 덮고 있다. 털외투가 생각나는 겨울눈이다. 겨울눈의 고갱이를 보기 위해서는 강한 인내심을 지녀야 하는데 한장 한장 벗겨 내다 보면 그만 수를 헤아리는 것이 혼란스러울 정도로 수겹겹이다. 그래도 목련의 경우는 인심이 후한 편이다. 겨울눈의 크기도 클 뿐더러 인편鱗片의 크기도 제법 크다. 느티나무는 덩치에 비해 너무나 작은 눈을 만든다.

거리의 플라타너스는 이렇게 하고도 뭔가 부족한 듯하여 기존의 잎자루에 고깔 같은 방을 만들어 눈을 보호한다. 거리에 떨어진 플라타너스 잎을 주워 보면 자주색 잎자루의 끝이 삼각형으로 갈라지면서 속이 비어 있는 것을 볼 수 있다. 한꺼번에 잎이 지는 은행과 달리 한장 한장 마지못해 떨어지는 플라타너스 잎은 아마 어린눈을 걱정해서인지도 모른다.

라일락나무 눈의 절단면. 추운 겨울을 나기 위해 겹겹의 옷을 입고 있다.

신갈나무는 겨울눈을 준비하는 과정에서 멋진 직조사의 기술만 발휘하는 것이 아니라 아주 뛰어난 포장 기술을 보여 주기도 한다. 작은 공간을 아주 효율적으로 사용하기 위해 하나도 어긋남이 없이 차곡차곡 포개는 일은 매우 숙련된 기술자만이 할 수 있다.

이 역시 다른 나무들과 비슷하다. 라일락의 눈에는 그 작은 방에 백 개 이상의 꽃잎이 숨어 있고 포플러나무의 눈 속에도 수십 장의 잎이 숨어 있다. 하나도 손상됨이 없이 모든 꽃잎과 잎이 차곡차곡 포개져 숨어 있다. 작은 잎들은 조금이라도 자리를 덜 차지하려고 온몸을 돌돌 말거나 포갠다. 한쪽 끝이나 양쪽으로 말려 있거나, 세로나 가로로 휘어진다. 둥글게 되기도 하고 주름이 잡히기도 하고 부채 모양으

이 작은 꽃눈 속에서 무슨 일이 벌어지는가. 산수유나무의 꽃눈 – 새싹을 감싸고 보호해 준 회나무의 아름다운 눈 껍질

로 접혀 있기도 한다. 봄이 오면서 바깥쪽에서부터 하나하나 피어나는 잎의 모습은 바로 눈 속에 포장되어 있던 순서와 모양을 가늠하게 해 준다.

한편 눈 껍질은 고단한 희생의 상징이다. 누군들 화려한 꽃과 잎이 되고 싶지 않겠는가. 하지만 눈 껍질은 잎이 되기를 포기한 채 조직의 대부분이 눈을 감싸는 형태로 변형되어 있는 것이다. 장미의 경우는 잎자루가 눈 껍질로 변했으며 라일락은 잎 전체가 눈 껍질로 변형되어 있다. 식물에 따라 변하는 모습은 다르지만 모두가 눈을 보호한다는 사명감으로, 화려한 조명을 별로 받지 못하는 눈 껍질들이 변신을 각오한 것들이다. 봄이 오고 눈이 겨울을 무사히 견디어 내면 제일 먼저 눈의 껍질이 떨어져 나간다. 이들은 모든 것을 새 생명인 눈에게 걸었지만 그래도 뭔가 왔다 간 흔적은 남겨야 할 것 같다. 이 가련한 희생의 눈 껍질은 그들이 떨어져 나간 자리를 줄기에 흔적으로 남기고 나무는 이들의 희생에 대한 답례로서 오랫동안 줄기에 새겨 둔다.

조세 형평의 원칙

눈을 완성시킨 후 나무는 가능한 한 몸에 밀착시켜 물길과 양분길이 잘 이어지도록 한다. 내년 봄에 눈이 가지로 자라오를 때 뿌리에서 물과 양분을 충실히 끌어다 주어야 하기 때문이다. 또한 눈이 잎으로 생산활동을 개시하여 잉여물이 생길 때 세금을 거두어들이기 위해서라도 이 수송체계는 완벽해져야 한다. 각 줄기마다에서 만들어지는 생산물은 공동관리 되어야 한다. 세상의 어느 도시도 이처럼 완벽한 수송시설을 갖춘 곳은 없다.

어쩌면 눈은 가장 효과적인 자식인지도 모른다. 공동의 뿌리를 이용하는 공동체이다. 당분간은 자리를 잡은 개체에게 기득권을 주기로 한다. 하나의 열매가 싹으로 나서 자라기까지 얼마나 많은 투자가 필요한 것이더냐. 어느 정도 자리를 잡은 놈을 확실하게 키우자. 그러기 위해서는 많은 자식을 몸에 붙여 키우는 것이다. 내가 못한 한을 조금이나마 풀어 보자. 부모 덕에 여유 있는 자식을 거느리고 싶다.

마음이야 내내 눈을 만들고 잎을 내고 싶지만 신갈나무는 한 해에 한 번씩만 눈을 만들고 잎을 내도록 교육되어 있다. 아마 오랜 경험에서 나온 삶의 지혜이리라. 부모의 습성을 따르리라.

고정생장과 자유생장

소나무, 잣나무, 가문비나무, 너도밤나무, 참나무류 등은 한 해 자랄 줄기 분량이 지난해에 결정되어 있다가 봄이 오면 생장을 개시하여 준비된 만큼만 생장하고 난 뒤 생장을 정지한다. 이러한 생장방법을 '고정생장'이라 한다. 이런 나무들은 한 해에 한 마디씩 생장하며 따라서 줄기의 마디 수를 세어 보면 나무의 나이를 간단히 추정할 수 있다.

예를 들어 소나무의 아래서부터 꼭대기까지의 마디를 세어 보았을 때 약 40센티미터 간격으로 15개의 마디가 있었다면 15년을 경과했다는 것이다. 여기에다 소나무가 씨앗에서 나와 첫 가지가 나오는 지상 1.5미터 정도까지 자라는 데 약 5년이 걸리므로 이 소나무의 나이는 대략 20년 정도가 된다.

이와는 달리 지속적으로 생장하는 나무들도 있는데 버드나무, 느티나무, 사시나무 등이 이에 속한다. 이들은 지난여름에 만들어 놓은 겨울눈에 의해 봄에 잎을 내는데 봄에 생장한 잎으로 인해 여름에도 새잎을 만든다. 이러한 생장방식을 '자유생장'이라 한다. 자유생장을 하는 무리들은 보통 숲 발달의 초기종들로서, 비교적 생장속도가 빠

자유생장을 하는 갯버들의 춘엽과 하엽. 봄에 일찍 핀 잎은 이미 성숙해 짙은 색을 보이는 반면 이제 막 자라기 시작한 새잎은 불그레하고 연한 색을 띤다.

르며 수관樹冠이 빨리 닫힌다. 여름에 이들 나무는 봄 잎과 여름 잎을 달고 있어 육안으로도 쉽게 구분된다.

  느티나무나 플라타너스의 여름 잎을 살펴보면 가지 아랫단의 크고 두꺼운 봄 잎춘엽과 가지 상단의 연하고 밝은 여름 잎하엽이 함께 달린 것을 볼 수 있다.

온몸의 기지화

정상적인 눈과 더불어 나무는 생명의 원기들을 몸의 곳곳에 배치시켜 놓는다. 세상이 하 수상하니 무슨 일이 어떻게 벌어질지 모른다. 도벌꾼의 무지한 도끼날이나 전기톱날이 몸 곳곳을 자를 수도 있다. 바로 그러한 재앙이 닥쳤을 때 생명의 원기들은 제 빛을 발할 수 있다. 바라는 바는 아니지만 만에 하나라도 살아남을 수 있는 방법을 강구해야 하지 않겠는가.

잘린 그루터기에서도 생명은 피어난다. 비록 지상의 잘린 그루터기는 어린나무이지만 지하의 기본 뿌리는 수십 년의 세월을 헤아리고 있다. 사람들이 매년 지상부를 잘라 내지만 뿌리는 그 자리를 지키고 있다가 봄이면 잘린 줄기를 통해 생명의 원기를 밀어 올린다.

신갈나무는 히드라의 전설을 알고 있다. 잘라도 잘라도 다시 살아나는 히드라의 괴력을 나무는 흠모하고 있었다. 몸의 어디가 손상되더라도 이 원기들은 금방 나무의 세력을 되찾을 수 있도록 해 준다. 동물에게 있어 어느 부위의 손상은 전체 생명에 치명적일 수 있다. 뇌가 죽거나 심장이 잘못되면 동물은 죽어 버린다. 전체 생명을 위협하는 기관이 뚜렷이 존재하는 것이다. 하지만 식물에게는 동물에게서와 같이 전체를 위협하는 기관이 없다. 몸의 어디에도 치명적인 조직을 만들지 않는 것, 그리고 어디서나 새로이 시작할 수 있는 복병을 배치하는 것, 이것이야말로 나무가 오랜 세월 지구에서 살아남을 수 있었던 기본 힘이다. 어린 시절 그는 둥지에서 자란 놈들을 시기했었다. 그러나 그것도 훌륭한 방편이라 생각한다. 이미 그의 어미 역시 이런 맹아로부터 시작한 생이었다.

나무의 줄기를 이루고 있는 목부木部조직은 기본적으로 죽은 세포로 이루어져 재생의 능력이 없지만 이들 목질조직을 제외한 잎, 줄기, 뿌리 등의 분열조직은 놀라운 복제능력을 가지고 있다. 이 놀라운 원기조직들은 온몸으로 연결되어 있어 지나지 않는 가지가 없다. 활동하는 조직에 살짝 주문만 걸어 두면 될 일이다. 이렇게 가지나 줄기에 생명의 원기를 배치해 놓으면 나무는 줄기나 가지가 잘리더라도 새로운 줄기를 만들어 정상적인 모습을 찾아간다. 줄기 끝이 처참할 정도

조직배양. 사람들은 식물의 복제능력을 진작부터 알아차렸다. 귀중한 물질을 제공하는 식물에서부터 토양의 오염물질을 제거하는 식물에 이르기까지 인공배지를 통해 원하는 식물체를 대량으로 생산한다.

로 싹둑 잘린 플라타너스의 끝에서 무성하게 나오는 줄기들이 바로 맹아줄기이다.

나아가 나무는 뿌리에도 생명의 원기를 만들어 놓는다. 뿌리의 일부가 잘리더라도 곧 회복할 수 있는 힘을 기르는 것이다. 한술 더 떠 하나가 잘리면 둘이 만들어지도록 장치해 놓는다.

동물에게 복제능력은 생식세포에게만 주어져 있다. 이 금기를 깨게 될 때 벌어질 일은 아무도 장담할 수 없다. 그러나 식물은 몸의 일부가 손상되더라도 곧 보상의 생장이 일어나고 전체적인 생명은 유지된다. 하다못해 이파리의 세포 하나만 남더라도 식물은 완벽하게 새로운 자신을 복제해 낼 수 있다.

기본적으로 식물의 세포들은 전형성능全形成能을 가지고 있다. 즉 세포 하나를 배양하여 생장물질을 처리함으로써 완전한 조직으로, 개체로 성장시킬 수 있다는 말이다. 줄기의 생장조직에서 분리된 세포는

하나가 잘리면 둘, 셋을 만든다. 신갈나무의 왕성한 맹아지 생산력은 사람들의 간섭에 대한 반발일지도 모른다.

곧 분열을 하여 세포덩이가 되고 여기서 일부 세포는 뿌리로, 일부 세포는 줄기로 분화한다. 줄기는 자라 잎을 만들고 완전한 식물체가 되면서 꽃도 피우고 열매도 만든다.

뿌리 중에서 굵고 곧은 중심뿌리는 주로 나무를 지지해 주는 역할만 할 뿐 물이나 영양분 흡수는 하지 못한다. 물과 양분의 흡수는 잔뿌리들이 하는데 잔뿌리가 많은 나무가 상대적으로 토양 속의 물과 양분을 많이 흡수할 수 있다. 이 때문에 나무의 뿌리들을 인위적으로 잘라 잔뿌리의 발생을 도모하기도 하는데, 나무를 옮겨 심을 때는 반드시 뿌리를 잘라 잔뿌리의 발생을 유도한다. 이렇게 함으로써 토양에 빨리 적응하고 물과 양분의 흡수를 좋게 한다.

특히 신갈나무는 산불이 나거나 그 어떤 힘에 의해 가지가 손상되면 곧 새로운 가지를 내는 힘이 강하다. 바로 맹아지들로서 온몸에 배치되어 있는 잠자는 눈들 때문이다. 이 맹아지의 생산이야말로 신갈나무의 왕성한 생존력을 나타내는 대표적인 속성이다. 맹아지는 자라는 속도가 아주 빠르며 두세 가지 이상 뻗어 나온다. 물론 줄기의 굵기도 가늘고 조직도 연하다. 하지만 이들은 곧 뿌리의 지원을 받아 지상을 장악하게 된다. 해가 거듭할수록 맹아지들은 굵어지는데 이들 중에서도 경쟁이 발생한다. 결국 중심줄기가 결정되면 나무는 중심줄기 위주로 생장한다. 아마 이러한 속성이 지금 숲에서 가장 맹위를 떨치게

잘려 나간 뿌리 그루터기에서 새로 돋아나는 싹 – 산불이 난 직후 생명을 과시하는 어린뿌리 맹아들

된 배경이리라. 크고 오래 사는 나무 중에 신갈나무만큼 맹아 생장을 잘하는 나무가 드물다.

위험에 직면해 멀리 달아나지도 못하는 식물들이 아주 오랫동안 광범위하게 살아남은 이유 중 하나는 바로 생명에 아주 치명적인 조직을 만들지 않고 오히려 어느 부위에서나 완전하게 스스로를 재생할 수 있는 능력을 갖추었기 때문일 것이다.

참으로 여름은 위대하다. 나무에게 있어 실질적인 생장의 약속은 대부분 여름에 이루어진다. 해가 갈수록 가지의 수는 기하급수적으로 늘고 나무가 준비해야 하는 양도 똑같이 늘어난다. 나무에게 여름의 끝은 점점 힘겨워진다.

그렇게 계절이 반복적으로 오가면서 나무는 성장해 간다. 성장하는 만큼 삶도 연륜을 쌓아 간다. 그러나 왠지 나무의 성장은 그리 눈부신 것이 아닌 것 같다. 신갈나무는 천천히 자라는 성질을 타고났다. 그래서 신갈나무에게 세월은 더욱 중요한 것이다.

넷, 겨울나기

치열한 봄과 여름이 지나가면 정리의 시간 가을이 오고 곧 휴식의 시간 겨울이 닥친다. 나무의 한 해 살림도 사람 사는 것과 똑같다. 나무든 짐승이든 사람이든 지구라는 공동의 별에서 태양이라는 공동의 에너지원을 기반으로 살아가는 운명체임을 생각해 보면 당연한 결과일지도 모른다.

지구의 미세한 환경 변화에 따라 생물 간에 형태나 움직이는 방법, 크기나 살아가는 방법이 다른 것처럼, 전혀 다른 환경을 가지는 별에서는 지구생명의 기준에서 이해하거나 알아보기 힘든 존재가 있을 수도 있다. 미세한 박테리아의 입장에서 보면 사람 정도의 생물은 죽어도 그 온전한 형태를 볼 수 없는 초거대 우주이다. 마찬가지로 만물의 영장이라고 우쭐거리는 사람들도 거대한 또 다른 존재 앞에 끝내 알아보지도 못하고 그저 발바닥만을 바라보며 전체를 본 듯 착각할 수

죽어서도 신령스러운 주목나무

도 있는 것이다.

시간이라는 점에서는 분명 사람보다 나무가 더 큰 생물이다. 사람이 느낄 수 있는 시간의 단위는 겨우 백 년에 못 미치지만 나무가 사는 시간의 단위는 종에 따라서 수천 년을 헤아릴 수 있다.

나무에게도 겨울은 춥고 어려운 시기이다. 치열함 끝에는 언제나 휴식이 있다. 또 한 번의 겨울이 온다. 해도 짧아지기 시작했고 바람도 서늘해졌다. 이제 겨울도 소중한 삶의 일부이다. 지난여름은 참으로 부지런하였다. 다음 해를 맞이할 채비도 어느 정도 해 두었다. 수많은 자식들이 가지 위에서 단단한 복장을 한 채 붙어 있다.

신갈나무는 서늘한 바람이 불어옴과 때를 맞추어 잎의 활동도 둔해지고 줄기의 생장도 둔해진다. 새로운 세포의 생장은 매우 느려지고 팽팽한 힘도 약하다. 온갖 값지고 소중한 물질은 적어지고, 딱딱하고 질긴 물질들이 채워진다. 이런 세포의 변화는 신갈나무의 줄기에 해마다 역사를 새긴다.

나무의 나이, 나이테

나무의 숨겨진 나이는 어떻게 헤아릴 수 있을까. 나무의 나이는 나이테로 알 수 있다. 나이테란 말 그대로 '나이를 나타내는 테'를 말한다. 나이테는 나무의 둥치를 잘랐을 때 줄기 가운데를 중심으로 보이는 짙은 색의 동심원들이다.

나무의 기록인 나이테 - 영지버섯의 둥근 테는 마치 나무의 나이테처럼 살아온 햇수를 나타낸다.

나이테는 어떻게 나무의 줄기 속에 연년세세 새겨졌을까. 사람이나 동물에게는 나이의 흔적이 정확하게 남아 있지 않다. 오로지 쇠퇴하는 징후만을 남길 뿐이다. 식물의 성장은 세포의 분열과 확장으로 이루어지는데 이것이 외부조건에 따라 다르게 나타난다. 나이테는 여름과 겨울이라는 기온차에 따라 생장의 차이가 발생함으로써 만들어진다. 겨울과 여름이 교차하는 온대지방에서 자라는 나무는 여름에는 생장하지만 겨울에는 동물과 마찬가지로 일종의 겨울잠을 잔다. 겨울이 지나고 기온이 올라가면서 생장을 시작한 나무의 세포는 여름에 이르러 절정에 달한다. 이때 만들어지는 세포는 빨리 만들어지는 만큼 크기도 크고 세포조직도 성기며 수분의 함량이 많다. 조직 자체도 연하다. 반면에 가을부터 겨울 동안에 자라는 세포는 낮아지는 기온으로 인하여 세포의 생장이 느리고 세포의 크기도 작아지게 된다. 또한 세포 내 착색물질과 같은 이물질의 함량이 높아져 짙은 색을 띠게 된다. 결국 한 해 동안 생장한 양은 여름까지의 밝은 색 부분과 겨울까지의 짙은 색 부분의 합으로 나타낼 수 있으며, 다음 해에 자라기 시작하는 옅은 색의 생장 부분과 지난겨울의 짙은 색 부분이 경계 지어짐으로써 하나의 나이테가 완성된다.

  그러면 여름과 겨울이 구분되지 않는 열대지역의 경우는 어떻게 될까. 물론 완전한 나이테를 기대하기가 힘들다. 뿐만 아니라 아까시나무, 버드나무, 포플러와 같이 봄 여름 가을 한결같이 왕성하게 자라는 나무의 경우도 나이테를 명확하게 구분하기가 힘들 때가 있다.

  나이테는 나무의 나이를 알 수 있게 할 뿐 아니라 나무가 살아온 세월을 말해 주기도 한다. 나이테의 간격이 넓은 것은 곧 나무가 한 해 동안 많이 자랐음을 나타내 주며 폭이 좁은 것은 상대적으로 생장이 저조했음을 나타내 준다. 나이테의 이지러진 흔적, 나이테 폭의 이상적인 감소, 그을린 흔적 등으로 과거 어느 해의 기상조건이나 환경조건을 알 수 있다. 이렇게 나이테를 분석함으로써 지구의 기후를 연구하는 학문을 '연륜연대학年輪年代學'이라 한다.

서울 통의동의 백송은 천연기념물로 지정되었다가 벼락에 의해 고사함으로써 천연기념물에서 해제된 바 있다. 이 백송의 나이테를 분석한 결과 아주 놀라운 사실이 드러났는데 일제강점기인 1919년 이후부터 1945년 사이의 나이테 폭이 이상적으로 줄어 있었던 것이다. 민족의 아픔을 나무도 함께했던 것일까. 우리 민족이 일제 치하에서 신음하는 동안 나무도 제대로 자라지 못했던 것이다.

애국가의 상징인 남산 위의 소나무들도 나이테를 분석해 보면 과거 수십 년 동안 주기적인 생장 변화를 겪었음을 알 수 있다. 서울시 관리자료와 비교해 보면 솔잎혹파리라는 소나무 해충이 창궐했던 때와 거의 일치한다.

집 앞으로 도로가 지나가느라 뿌리의 한쪽이 잘려 나간 목련나무는 비록 말로써 그 아픔을 나타내지는 못하겠지만 나이테의 한쪽에 그 상처를 남길 것이다. 뿌리가 잘려짐으로 인해 흙으로부터 양분과 물이 공급되지 못했으니 한쪽이 제대로 자라지 못할 것이며 그 아픔은 바로 나이테 한쪽에 흉하게 일그러진 모습으로 각인된다.

나이테를 알아보기 위해서는 잔인하게도 나무의 줄기를 절단해야 한다. 하지만 나이를 알아보기 위해 나무 전체를 잘라야 한다면 큰일이 아닐 수 없다. 나무를 그대로 살려둔 채 나이테를 들여다볼 방법은 없을까. 필요는 발명의 어머니라고 했던가. 나무를 자르지 않고 나이테만 추출하는 기구가 '생장추'라는 것이다. 생장추는 나무의 중심을 향해 심을 꽂아 목편木片을 추출하는 것으로, 나무에게 큰 해를 끼치지 않고 나이테를 줄기 가장자리부터 중심까지 완전하게 추출해 주는 것이다. 하지만 한 나무에서 여러 개의 목편을 추출해 내면 나무는 스트레스를 받을 것이다. 또한 심을 빼낸 자리에 물이 고이거나 해충이 들어가면 나무는 비록 당장은 아니지만 서서히 쓰러지게 될 것이다. 따라서 필요할 경우에 한해서만 목편을 추출해 내고 뒷마무리로 구멍 뚫린 자리를 봉해 주는 것도 잊지 말아야 한다.

월동 준비

찬바람이 불기 시작하면 나무는 사실상 한가로워진다. 잠시 쉬어 가는 과정이 때로는 참으로 고맙다. 연속적인 긴장은 강한 압박이다. 달콤한 휴식이 주어지지 않는 부지런함은 고통이다. 휴식은 무릇 생물들에게 주어진 달콤한 보상이다. 그 연유가 어찌되었든 간에 최대한 긍정적으로 순응하는 것이 행복하다는 것을 나무는 이미 오래전에 깨달았다.

겨울은 그 자체만으로는 참으로 고통스럽다. 차가운 바람, 적은 햇빛, 얼어붙은 땅……. 그래서 겨울은 인내의 계절이다. 사는 일이 어찌 무사하기만 할 수 있을까. 차가운 바람은 가지를 날려 버릴 수도 있고 얼어붙은 물살은 조직을 찢어 놓을 수도 있다. 그러나 어찌할 수 없는 운명이기에, 누구나 거스를 수 없는 운명이기에 오히려 나무는 느긋하게 쉴 수 있다. 누구나 겪는 고통이기에 인내할 수 있고 그래서 봄이 더욱 아름다울 수가 있으리라.

겨울의 행복한 쉼을 위해서 나무는 특별한 준비를 해야 한다. 거저 되는 일이란 세상에 없다. 특히 식물사회에서는. 나무는 해마다 겨울 채비를 잊지 않는다. 겨울은 지난 봄과 여름의 활동을 마무리하며 나아가 완성하는 과정이다. 봄과 여름이 생산의 시간이었다면 가을과 겨울은 지킴의 시간이다. 따라서 겨울의 모진 북풍한설도 짧은 햇빛도 모두가 견디어 내야 할 과제이다. 몸 전체를 완전히 봉쇄하고, 들어오는 것도 나가는 것도 없이 숨죽인 채 지내야 하는 시간인 것이다.

따라서 나무는 일체의 몸을 정리하고 속을 정리한다. 버릴 것은 버리고 보강할 것은 보강하는 일, 나무에게 미련과 집착은 절대 금물이다.

잎 떨구기

물기에 약한 잔뿌리도 없애 버리고 나뭇잎도 없애 버려야 한다. 가을을 보낸 잎은 이미 폐쇄된 공장이나 다름없다. 유지 비용만 들어갈 뿐이다. 탄소를 투자해서 건축한 생산공장이지만 이제는 수명을 다했다. 그래서 신갈나무는 제일 먼저 나뭇잎을 정리하기로 한다. 잎들은 참으로 위대하였다. 한순간도 흐트러짐 없이 바람과 싸우고 곤충과 싸우고 산짐승과 싸우고 또한 물과 투쟁하고 빛과 투쟁하면서 살림 사는 밑천을 마련하느라 참으로 위대하였다.

신갈나무는 꽃은 포기하여도 잎은 포기하지 않는다. 잎은 모든 식물의 필수 요소이다. 뿌리를 생략해도, 줄기를 생략해도, 꽃을 생략해도 잎만은 절대 생략할 수 없는 것이 식물이다. 하지만 이제 더 이상의 투쟁은 지금까지의 빛나는 업적을 손상시키는 것이 된다. 그래서

겨울 준비의 가장 기본은 잎 떨구기이다. 단풍은 잎의 생산기관인 엽록소의 활동 중지를 의미한다.

잎은 사라짐을 택한다.

신갈나무는 더 이상 잎에 투자하지 않는다. 물론 공로는 인정하지만 전체를 위해서 우선 정리해야 할 것이 잎들이다. 나무는 예우 차원에서 벌어지는 구차한 미련의 결과들이 얼마나 비효율적이며 또한 복잡한 부패의 고리를 만들어 내는지 잘 알고 있다.

신갈나무는 단호히 더 이상의 미련은 갖지 않는다. 그래서 엽록소도 만들지 않는다. 가련한 노병老兵은 초록을 잃어버리고 단풍 색으로 변해 간다. 단풍 색은 이제까지 보이지 않는 곳에서 미약하나마 맡은 임무를 수행하고 있었던 다른 색소세포들에 의해 일시적으로 나타난다. 이것 역시 나무가 좋은 시절에 투자해 온 산물이다. 행여 다른 나무들이 저버린 빛이라도 생산에 이용해 볼까 하는 마음으로 나무는 엽록소 이외의 노란색을 나타내는 색소를 만들었으며, 빛의 일부를 차단하여 엽록소가 과하게 노출되는 것을 막기 위해 나무는 또한 보조색소들을 만들었다. 자연에서 공짜란 없다. 존재에 대한 마지막 보상이나 되듯 이들 색소들은 잎이 마지막 가는 길에 무대로 올라와 잠시 주연 노릇을 한다. 사람들은 조연이었던 이들의 마지막 가는 길에 큰 의미와 상징을 부여하여 온갖 소란을 피우기도 한다.

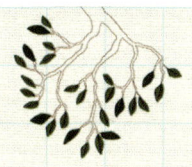

단풍의 비밀

단풍의 그 고운 빛은 어디서 오는 것일까. 푸른 나뭇잎 속에는 사실 처음부터 단풍의 색이 들어 있었다. 나뭇잎 속에는 여러 가지 색소가 포함되어 있는데, 흔히 초록색을 나타내는 엽록소 외에도 카로티노이드라고 하는 색소가 들어 있다. 카로티노이드는 식물의 잎을 비롯하여 뿌리, 줄기, 꽃, 열매의 색소체에 존재하며 노란색, 오렌지색, 적색 등을 나타내게 한다. 잎과 관련하여 카로티노이드는 크게 두 가지 기능을 가지는데 광합성 시 청색광과 보라색광을 흡수하여 빛의 흡수율을 높이는 역할과 강한 빛 환경에서 엽록소가 빛에 의해 손상되는 것을 방지해 주는 역할을 한다.

단풍 색은 식물 잎 속에 있는 색소의 종류와 양에 의해 결정된다. 붉은색 단풍은 안토시아닌 색소에 의해 발현된다.

카로티노이드는 카로틴과 크산토필의 두 가지로 나뉘는데 카로틴의 하나인 베타카로틴은 비타민A의 전구체로서 동물에게 주요한 영양원 노릇을 한다. 당근의 붉은색은 바로 카로틴 때문이며 녹황색 채소를 많이 먹어야 하는 이유도 바로 이 녹황색을 나타내는 색소성분을 먹기 위함이다. 크산토필

설악산 정상의 눈잣나무와 털진달래 군락. 고산의 극단적인 기후변화는 단풍 색을 더욱 화려하고 정열적으로 만든다.

의 하나인 루테인은 베타카로틴과 더불어 식물에 가장 많이 존재하는 카로티노이드인데 특히 잎 속에 많이 들어 있다. 카로티노이드는 암흑 속에서도 합성될 수 있기 때문에 빛이 부족한 곳에서 자란 식물은 주로 노란색을 띠게 된다.

한편 식물체에는 수천 종류의 플라보노이드 성분 물질들이 존재하는데 이 중 안토시아닌 그룹은 식물체의 꽃·잎·열매의 붉은색·보라색·청색을 나타낸다. 한여름 날 뒤뜰에 앉아 아름다운 꽃색으로 손톱을 물들이곤 했던 봉선화의 꽃빛이 바로 안토시아닌으로부터 온 것이다. 이때 봉선화의 꽃잎뿐 아니라 잎도 함께 이용하는데 잎에도 보이지는 않지만 아름다운 색을 내는 색소들이 함유되어 있는 것이다.

안토시아닌은 맑고 서늘한 날씨가 계속될 때 잎에서 합성되어 액포에 축적되는데 가을날 아름다운 단풍을 만들기 위해서는 일정 기간 동안 맑고 서늘한 날씨가 계속되며 온도가 점진적으로 감소해야 한다. 일반적으로 안토시아닌의 기능은 열매와 꽃의 아름다운 색을 만들어 종자의 번식과 가루받이를 용이하게 하는 것으로 알려져 있다. 식물로서는 상당히 사치스러운 물질이다.

가을이 시작되면서 기온이 서서히 낮아지면 엽록소는 파괴되기 시작하지만 비교적 안정적인 카로티노이드는 그대로 잎 속에 남게 되고 또한 안토시아닌이 합성되어 나뭇잎은 아름다운 단풍 색으로 변한다. 특히 비가 오지 않아 가뭄이 계속되거나 기온이 갑자기 낮아지는 경우에는 엽록소가 급격히 파괴되기 때문에 나뭇잎은 더욱 선명하고 아름다운 단풍 색을 띠게 된다. 그래서 갑자기 기온이 낮아지고 일교차가 심한 때는 단풍의 색이 유난히 아름다운 것이다.

단풍의 색은 카로티노이드와 안토시아닌의 함유율에 따라 노란색 계열과 붉은색 계열로 구분되는데 안토시아닌의 합성이 많을수록 선명한 붉은색을 띠게 된다.

우리나라에서 붉은색을 나타내는 대표적인 나무들은 당단풍나무를 비롯하여 옻나무의 사촌인 붉나무, 마가목, 복자기, 벚나무, 팥배나무 등이 있다. 노란색을 나타내는 나무로는 은행나무를 단연 선두로 해서 우리 주위에서 흔히 볼 수 있는 아까시나무,

붉은색 단풍은 안토시아닌 색소에 의해 만들어진다.^위 겉씨식물인 은행은 안토시아닌 색소를 만들지 않기 때문에 붉은색이 나타나지 않는다.^{아래}

튤립나무가 있으며, 숲 속에는 이파리에서 생강 냄새가 나는 생강나무, 사나운 가시로 명성이 높은 음나무, 이파리를 물에 담그면 푸른 물이 배어 나오는 물푸레나무 등이 있다. 따라서 다양한 나무들이 자라는 숲일수록 다양한 단풍 색으로 인해 더욱 아름답다.

 그러나 대부분의 겉씨식물은 안토시아닌 계열의 색소를 만들지 않는다. 그래서 은행나무는 아무리 기상이 변덕 부려도 노란색의 단풍 색을 만들 뿐이다. 안토시아닌 색소가 기본적으로 열매나 꽃의 색을 만들기 위해 개발된 물질임을 감안해 보면 꽃잎이 없는 겉씨식물로서는 당연한지도 모르겠다. 결국 가을날 나뭇잎의 화려한 단풍 색은 나무의 또 다른 꽃잔치에 해당한다고 볼 수 있겠다.

 단풍의 색은 나무가 우리 사람에게 베풀기 위해 존재하는 것이 아니다. 나무에게 이유 없는 존재란 없다. 카로티노이드나 안토시아닌 모두가 값비싼 화합물들이다. 이들은 나름대로 나무에게서 부여받은 역할과 기능이 있는 것이다. 가을날 단풍놀이를 떠나기 전에 단풍의 의미를 한번 새겨볼 일이다.

그러나 불행히도 신갈나무의 단풍은 그다지 아름답지가 못하다. 이는 나무의 궁핍하고 절제된 삶의 결과이다. 보조장치에 대한 투자는 최소한으로 해 두었던 것이다. 그러나 나무는 이제까지 초라한 단풍 색으로 인해 잘못된 적은 한 번도 없었다. 물론 아름다운 단풍 색으로 인해 사람들의 환심을 사고 온갖 가을 서정의 대표가 되어 회자되는 나무들을 신갈나무도 알고 있다. 그러나 이미 온갖 화려함의 실체는 자신을 알리기 위한 눈물겨운 몸부림이라는 사실도 나무는 알고 있다.

신갈나무는 단풍 색을 아름답게 만들기보다는 보다 실속 있는 일을 진행시킴으로써 겨울대비를 한다. 우선 잎 속에 포함되어 있는 중요한 물질들을 회수한다. 물론 자연적으로 풍부하여 걱정이 없다면, 혹은 별 쓰임새가 없어 필요량이 적다면 문제가 안 될 테지만 종류에 따라서는 극히 제한적이면서 반드시 필요한 성분이 있는 것이다.

나뭇잎 속에는 골격을 이루고 있는 탄소$_C$를 비롯하여 각종 양분이 되는 물질들이 함유되어 있다. 이 중 질소$_N$, 인산$_P$, 칼륨$_K$은 식물에게 귀중한 영양소인 반면 자연적으로 늘 부족하기 쉬운 것들이다. 이들 영양소는 나뭇잎 속에서 이동이 가능한 형태로 존재하였다가 가을이 되면 다시 나뭇가지로 이동, 저장된다. 나머지 양분들은 낙엽이 질 때 그 동안 몸속에 축적되었던 노폐물과 더불어 떨어져 나간다. 동물과 같이 별도의 배설구를 가지고 있지 않은 나무에게 잎을 떨구는 일은 몸의 노폐물을 제거하는 방법도 되는 것이다.

질소의 회수

신갈나무는 우선 잎 속에 남아 있는 질소를 회수한다. 질소는 모든 단백질을 이루는 필수 요소이며 또한 효소의 주요 구성 물질이다. 뿐만 아니라 생리적 대사반응을 일으키는 물질들의 주요 구성 성분이다. 나무가 숨을 쉬는 것도, 나무가 생산활동을 하는 것도, 나무가 성장하는 것도 모두가 효소단백질을 필요로 한다. 그럼에도 불구하고 질소는 필요량에 비해 절대적으로 부족하여 항상 경쟁의 대상이 된다. 땅속으로 뻗어가는 뿌리의 실체는 바로 질소를 공략하기 위한 방편이다. 사실 질소는 대기 중에 제일 많은 성분이다. 하지만 대기 중에 가스 상태로 있는 질소는 나무에게 무용지물이다. 나무가 질소를 흡수하는 곳은 오직 뿌리에서만 가능하기 때문이다.

    토양 속으로 공급되는 질소 성분도 사실은 만만치 않다. 동물의 사체나 식물의 사체에는 단백질 성분이 포함되어 있다. 그러나 생물의 사체에 포함된 단백질 역시 뿌리가 직접 흡수하지는 못한다. 이들은 미생물에 의해 잘게 분해되어야만 나무가 흡수할 수 있다. 그러니 공기 중의 질소나 땅속의 단백질은 모두 그림의 떡이다. 비록 부족하기는 하나 몸속에 있는 질소를 우선적으로 이용하는 것이 중요하다.

아예 성질이 적극적인 놈들은 질소를 질산으로 바꾸는 박테리아를 뿌리 속에 달고 있어, 질소 공급을 하는 데 스스로 자가발전하기도 한다. 아까시나무, 싸리나무와 같은 콩과科 식물들과 오리나무 종류 등과 같은 질소고정 식물이 이에 해당한다. 이들 나무는 척박한 곳에서도 늠름하게 자라 비료목肥料木이라 불리기도 한다.

식물의 반격

아주 극단적으로 일부 식물은 동물로부터 바로 질소를 공급받기도 하는데 말이 좋아 공급받는 것이지 동물과 같이 동물을 직접 잡아먹는 것이다. 하기야 식물이라고 해서 꼭 순응적이어야 한다는 법은 없으니까.

대개 동물들이 식물들을 먹이로 삼지만 경우에 따라서는 이 관계가 역전되어 식물이 동물을 먹는 경우도 있는 것이다. 파리지옥풀, 끈끈이주걱, 끈끈이귀개 등이 가여운 투쟁의 주인공들이다.

파리지옥풀과 끈끈이주걱은 식물이라 하기에는 너무 잔인해 보인다. 식물은 아름다운 꽃을 피우고 향기를 뿜어 벌과 나비를 불러들이며 또한 맛있는 열매를 제공해 주는 그저 온순하고 순종적인 것쯤으

습지에서 자라는 파리지옥풀이나 끈끈이주걱은 곤충을 잡아먹는 대표적인 식충식물이다. ⓒ 한국야생화연구소 김태정 박사

로만 생각해 온 사람들에게 곤충을 잡아먹는 식물은 과히 파격적인 놀라움을 준다. 아가리를 잔뜩 벌리고 있다가 날아오는 파리를 통째로 삼키는 파리지옥풀은 말 그대로 잔인한 지옥의 사자인 듯하다.

왜 파리지옥풀은 그처럼 험해 보이는 식성을 가지게 되었을까. 왜 다른 풀들처럼 고매한 품성을 가지지 못했을까. 사람의 관점을 잠시 떠나 이들이 사는 곳에 대해 조금만 생각해 보면 그러한 생존방식이 오히려 애처롭게 느껴진다.

파리지옥풀이나 끈끈이주걱이 사는 곳은 물이 고여 있거나 축축하게 젖어 있는 늪이나 습지 근처이다. 우리나라에서 끈끈이주걱을 잘 볼 수 있는 곳은 강원도 대왕산 용늪 주위이다. 늪이나 습지의 토양은 일반 토양에 비해 산소가 부족하고 공기의 유통이 잘 되지 않는다. 또한 많은 종류의 일년생 초본식물들이 자라고 있어 이들의 해묵은 사체가 늪 바닥에 켜켜이 쌓여 있다. 그러나 유입되는 유기물의 양은 많지만 유기물을 분해시키는 호기성好氣性 미생물, 즉 산소호흡을 하는 미생물들의 활동은 저조하여 유기물질들이 잘 썩지 않는다. 유기물의 분해는 식물의 필수영양물질인 질소의 공급원이라는 점에서 볼 때, 늪지의 토양은 식물이 이용할 수 있는 질소가 절대적으로 부족한 곳이 된다.

이러한 곳에 사는 식물은 만성적인 질소 부족으로 고통받기 일쑤이다. 뭔가 획기적인 방법을 찾지 않으면 생존에 위협이 될 수 있다. 결국 파리지옥풀이나 끈끈이주걱은 과감히 식성을 바꾸기로 작정을 하였다. 마치 사람이 단백질 섭취를 위해 고기를 직접 먹는 것과 마찬가지로 질소를 취하기 위해 곤충을 직접 잡아먹는, 실로 놀라운 방식을 취하게 된 것이다.

파리지옥풀은 두 개의 좁고 두툼한 잎이 마치 두 쪽의 콩과 같이 붙어 있고 가장자리에는 가시 모양의 돌기가 솟아 있다. 이 가시돌기는 외부자극을 감지하는 안테나이다. 곤충들이 좁은 잎의 표면에 앉는 순간 곤충은 안테나를 건드리게 되고 곧 잎에서는 미세한 전기자극이

통발은 자구책으로 동물을 잡아먹는 식성을 지니게 되었다. ⓒ 한국야생화연구소 김태정 박사

일어나 두 개의 잎은 불과 0.3초 만에 닫혀 버린다. 가시돌기는 서로 어긋나게 닫혀 일단 안에 갇힌 곤충은 빠져나올 수 없게 된다. 두 개의 잎이 밀폐되면 잎의 안쪽 소화샘에서 염산이 함유된 소화액이 분비된다. 가련한 희생양의 몸은 서서히 녹기 시작하여 파리지옥풀의 영양액 속으로 들어간다.

    파리지옥풀의 안테나는 책임감이 강하여 어떠한 자극에도 신경을 곤두세운다. 너무 민감하여 옆의 나뭇가지에서 부스러기가 떨어지거나 바람의 스침에도 반응을 보인다. 파리지옥풀은 이 충성스러운 안테나를 존중하지만 그의 과도한 충성에 대한 대비를 잊지 않았다.

물이 고여 있는 늪지는 보통의 식물들의 살기에 그리 좋은 환경은 되지 못한다. (장백산 일대의 고산 늪)

    파리지옥풀은 한 번의 자극으로는 소화액을 분비하지 않는다. 파리지옥풀의 돌기는 서로 맞물리더라도 일정한 틈이 생기는데 이 틈보다 작은 곤충은 무사히 빠져나올 수 있다. 그러나 몸집이 큰 곤충은 빠져나올 수 없으므로 곤충이 몸부림치는 동안 돌기들은 다시 자극받게 된다. 이때에야 비로소 파리지옥풀은 소화액을 분비한다. 여기에는 어떤 계산이 숨어 있을까. 몸집이 작은 곤충은 소화하는 데 소모되는 에너지를 충분히 보상받을 만큼 영양분이 많지는 않다. 별 이득이 없다는 뜻이다. 파리지옥풀은 작은 곤충이 잎을 빠져나간 지 20분 정도가 지나면 잎을 열어 다시 사냥 태세를 갖춘다.

이름에서도 그 모양과 사냥방식을 충분히 상상할 수 있는 끈끈이주걱은 잎 가장자리가 온통 털로 뒤덮여 있다. 이 털의 끝에는 끈끈한 액체들이 방울방울 맺혀 있다. 곤충이 잎 위에 앉으면서 털을 건드리면 잎의 모든 털들이 불쌍한 희생자 쪽으로 굽게 된다. 벗어나려고 발버둥칠수록 몸은 더욱 엉켜 붙고 급기야 모든 털들이 곤충을 감싼다. 아름다운 이슬방울에는 잔인한 소화액이 포함되어 있어 곧 곤충의 몸을 녹여 버린다. 이 털이 곤충의 몸을 잡기 위해 안쪽으로 휘는 데는 1분도 채 안 걸린다고 한다.

병 모양의 식충기관이 있는 네펜데스

우리나라에는 없지만 세계적으로 유명한 식충食蟲식물 중에는 네펜데스 종류가 있다. 이 식물의 30센티미터 가량 되는 잎은 안쪽으로 말려 긴 튜브 형태를 만들고 있다. 튜브 속에는 항상 물이 고여 있고 물속에는 박테리아가 살고 있다. 잎의 안쪽은 미끄러운 털로 덮여 있어 곤충이 꿀을 찾기 위해 튜브 안으로 들어가는 순간 미끄러지듯 물속으로 빠진다. 익사한 곤충은 박테리아에 의해 분해되고 그 결과 생긴 영양액을 네펜데스의 잎이 흡수하는 것이다.

파리지옥풀이나 끈끈이주걱 모두가 자신의 처지를 극복하며 굉

장히 적극적으로 살아가는 식물군단임에 틀림없다. 하지만 신갈나무에게 있어 동물을 삼키고 소화액을 분비하는 기민성을 갖추는 일은 별소득이 없다. 큰 몸집 전체를 재빠르게 움직이는 데는 엄청난 양의 에너지가 소모되는데, 그렇게까지 해서 얻은 작은 곤충 몇 마리로는 나무에게 어림도 없다. 신갈나무는, 없으면 없는 대로 그저 천천히 오랫동안 자라는 나무이다.

인산의 회수

신갈나무는 잎을 떨구기에 앞서 인산 역시 회수한다. 인산은 열매를 살찌우고 빛과 모양을 빚어내는 데 중요한 역할을 한다. 또한 인산은 몸의 암호 즉 유전자를 만들고 복제하고 풀어내는 데 중요한 기여를 한다. 인산은 토양 속에 제법 많은 양이 존재하기는 하지만 공기 중의 질소와 마찬가지로 이용할 수 없는 형태로 존재하는 양이 많다. 따라서 나무는 뿌리를 넓게 뻗어 인산 사냥에 열중한다.

    인산의 문제를 극복하는 방법을 나무는 알고 있다. 아니 알게 되었다. 어린 시절 자신의 뿌리에 달라붙은 하얀 실다발은 사실 땅속에서 살고 있는 곰팡이균의 균사라는 것을. 숲의 곳곳에 들어 있는 무수한 균류는 신갈나무와 같은 생산 공장이 없어 스스로 양분을 만들지

산림토양 속에는 다양한 균류의 균사들이 식물들과 공생관계를 이루면서 거대한 뿌리조직을 구성하고 있다.

못하고 대신 뿌리에 달라붙어 뿌리의 역할을 함으로써 나무에게 약간의 영양물질을 얻어 간다는 것을. 신갈나무는 숲 바닥이 거대한 균 밭이며 자신뿐 아니라 작은 풀에서 거대한 소나무까지 모두가 균들과 협동관계를 맺고 있음을 눈치챌 수 있었다. 균사로 만들어진 관대한 뿌리체계는 흙 속에 드문드문 숨어 있는 인산을 낚아채는 데 더 이상의 기구가 없음을 그간 나무는 깨닫고 있었다.

    몇 해를 사는 동안 균과의 믿음은 더욱 확고해졌다. 때로 가뭄이 들어 뿌리가 마를 위기에 처해 있을 때, 때로 물이 많이 들어 독성물질이 쌓여 있을 때 뿌리를 감싸고 있던 든든한 균사 외투는 뿌리를 지켜주는 수호천사였다. 균은 자신의 의지가 확고했다. 가는 실 같은 균사가 세포 속으로 들어와 세포 속 물질을 직접 삼킬 수도 있었을 테지만 결코 뿌리조직 깊은 곳까지 들어오는 무례는 범하지 않고 뿌리의 바깥에서 혹은 뿌리 바깥 세포 사이에서 나무의 세포가 분비하는 약간의 당분만을 가져다 쓸 뿐이었다. 이런 신뢰와 믿음이 숲의 모든 나무들이 이 협약 관계를 체결하게 만든 원천이었을 것이다.

칼륨의 회수

마지막으로 신갈나무는 칼륨을 불러들인다. 칼륨은 질소나 인산에 비해 그 양이 풍부한 편이나 물에 씻겨 내려가기가 쉽다. 칼륨은 물질의 흡수를 담당하고 세포막의 기능을 좌우하는 이온수지를 맞추어 주는 중요한 역할을 한다. 낮이면 기공을 열고 밤이면 기공을 닫는 일에서부터 세포 내 물질이동 등에도 중요한 역할을 한다.

다행히 질소, 인산, 칼륨은 잎 속에서 이동이 자유롭기 때문에 나무는 가을에 이들 원소를 회수할 수 있다. 탄소 역시 중요한 골격구조물이 되나 이동이 쉽지 않고 대기 중의 이산화탄소를 기원으로 하고 있어 질소, 인산, 칼륨에 비해 상대적으로 많은 양이라고 볼 수 있다. 반면에 수송비용에 비해 이득이 그리 높지 않아 포기하는 것이다. 어쨌든 회수한 양분으로 인해 가을이 되면 나무는 줄기나 몸통의 무게가 아주 조금이나마 늘어난다.

질소, 인산, 칼륨이 몸속으로 재흡수되는 반면 잎에 포함되어 버려지는 탄소와 그 이외의 양분들은 땅으로 떨어진 후 오랜 시간과 많은 경로를 통해 분해되면서 다시 신갈나무에게 흡수된다. 이렇게 회수할 것은 다 회수한 다음 나무는 과감하게 잎을 떨구어 버리는 것이 보편적인 현상이다. 그러나 신갈나무는 무슨 미련 때문인지 낙엽을 바로

신갈나무의 단풍잎은 오랫동안 나무에 머문다. 이는 눈을 보호하고 양분의 흩어짐을 막기 위한 조치이다.

떨어뜨리지 않고 겨우내 붙잡아 둔다. 겨울이면 그래서 신갈나무 잎은 말라비틀어진 채로 지저분하게 가지 끝에 붙어 있다. 바람의 저항에 이기지 못한 잎은 어쩔 수 없이 떨어지지만 대부분 이듬해 새잎이 날 때까지 그대로 가지에 머물러 있다. 신갈나무의 사촌들인 상수리나무, 굴참나무, 졸참나무 등도 대부분 같은 습성을 가지고 있다. 아마 겨울 바람에 애써 만든 눈이 마르는 것을 방지하기 위함인지도 모르겠다.

숲의 양분 저장고

신갈나무 주위에는 해마다 나무가 쏟아 낸 낙엽들로 인해 풍부한 양분 저장고가 만들어져 있다. 양분 저장고는 신갈나무 숲이 건강하게 재생되고 발전하는 데 주요한 밑천이 됨과 동시에 수많은 작은 토양생물에게 삶의 터전을 제공한다.

이미 나무들이 모여 이루어진 숲은 나무들이 공동으로 출자한 물질들로 인해 강한 공동체를 이루고 있다. 매년 쏟아 내는 낙엽과 죽은 가지들, 이 가지들을 분해하고 쪼개기 위해 얽혀 있는 무수한 곰팡이와 버섯들, 그리고 굴을 파고 땅을 뒤집고 공기와 물을 소통시키는 작은 동물들, 이 모든 것들이 얽혀 서로에게 필요한 것을 충족시켜 주는 숲의 바닥권. 시너지 효과란 이런 것이다. 무엇보다 각자의 나무뿌리는 토양 속으로 영양액을 분비한다. 이 세상에 막 뿌리를 내렸을 때 어린뿌리가 제일 먼저 목격한 것도 바로 이 현상이었다. 자신은 아무런 영문도 몰랐고 무엇보다 내놓을 것이 없었지만 살아가면서 자연스럽게 동참한 일이었다. 각각의 뿌리로 보면 아주 미세하지만 나무뿌리로 얽힌 숲에서는 전체 토양 속이 거대한 뿌리권을 이루게 된다. 이 뿌리권은 온갖 토양 속 미생물들의 보육원이다.

하나만으로는 어렵고 여럿이 함께 모일 때 그 효과가 배가되는

침엽수 원시림의 축축한 이끼층은 숲이 천연 녹색댐 역할을 하는 데 크게 기여한다.

곳, 숲 바닥이야말로 나무와 미생물과 작은 절지동물들이 만들어 내는 최고의 시너지 창출 모델이다. 사실 부모 자식 간도 없는 나무사회라고 하지만, 일단 기존의 숲사회에 자리를 잡을 수만 있다면 어린나무는 그 어느 개척지에서보다 빨리 정착할 수 있다. 부모가 어떤 나무인지는 상관없다. 그저 숲이라는 공동체가 만들어 놓은 효과를 온전히 누릴 행운을 타고나는 것이다.

특히 신갈나무와 같이 낙엽활엽수들이 자라는 숲은 침엽수들이 자라는 숲에 비해 보다 풍부한 숲 바닥층을 만들어 낸다. 신갈나무나 이와 비슷한 무리의 나뭇잎은 수분을 많이 가지고 있다. 잎의 크기도

싸리아교뿔버섯 - 이끼로 뒤덮인 나뭇등걸은 풍부한 물기와 목재의 먹이자원으로 인해 다양한 버섯이 피어난다. 무리우산버섯

제법 커서 서로 포개진 채 낙엽층을 만든다. 가랑잎! 얼마나 정겨운 말인가. 우리나라에서 숲이나 나무와 관련된 말들 중에는 참나무류의 성질을 두고 이르는 말이 유독 많다. 아마 어디에서나 볼 수 있는 나무였기 때문이리라. '가랑잎' 역시 낙엽활엽수들의 낙엽을 대표적으로 나타내는 말이다.

가랑잎들이 떨어진 바닥은 낙엽들 사이로 공간이 넓고 수분이 잘 포착되어 미생물들이 살기에 적당한 환경을 이루고 있다. 그래서 소나무나 전나무와 같은 낙엽들보다 빨리 썩는다.

지구 생태계에서 오로지 숲에만 있는 숲 바닥층임상층은 숲에서

나무의 복잡한 뿌리구조는 흙이 쓸려 가는 것을 막아 주며 나무로부터 제공되는 낙엽은 흙을 풍부하게 만들어 준다.

살아가는 생물들이 죽어 반드시 돌아가는 곳이다. 생물들의 사체, 그것은 곧 숲의 미래자산으로 숲의 생물들이 공공관리 하게 된다. 생물 사체 곧 유기물은 궁극적으로 잘게 쪼개져 숲의 흙으로 돌아가고 다시 나무에게 흡수된다. 숲에서 이런 생물 사체를 쪼개는 일을 분해작업이라 하며 숲 바닥에서 일어나는 가장 주요한 작업의 하나이다. 상대적으로 이런 분해작업이 빨리 진행되는 곳에서 자라는 나무들은 상대적으로 양분을 조달하는 데 훨씬 유리하다.

    이 분해작업에는 누구보다 숲 바닥 생물들의 도움이 필요하다.

숲을 어슬렁거리거나 굴을 파는 두더지도 뿌리나 줄기를 징그럽게 기어 다니는 지네나 노래기, 심지어 뿌리를 갉아 먹는 애벌레까지도 알고 보면 숲 바닥의 생물 사체들을 쪼개고 자르고 부수는 자들이다. 숲 바닥으로 나뭇잎이나 나뭇가지가 떨어지면 상대적으로 축축한 숲 바닥에서 끈적끈적하게 엉긴다. 지렁이나 응애, 쥐며느리와 같은 작은 벌레들이 갉아 먹는다. 이들은 나뭇잎의 양분을 흡수하여 일부는 자신이 이용하고 나머지 대부분은 밖으로 배출한다. 이 과정에서 낙엽은 잘게 토막 나며 훨씬 부드러워진다. 어찌 보면 이런 작업에 나무의 의지는 별 소용이 없어 보인다. 그것은 순전히 분해 노동자들의 취향이다. 신갈나무는 단지 노동자들이 별 불만 없이 일을 잘해 주기를 바랄 뿐이다.

궁극적으로 생물 사체를 미세한 가루로 만드는 데는 눈에 보이지 않는 무수한 미생물들이 실세이다. 이것이야말로 나무 혼자 결정할 수 있는 일이 아니다. 지렁이나 애벌레에 의해 잘게 부서진 나뭇잎은 다시 곰팡이들이나 세균에 의해 단순한 무기질로 완전히 분해된다. 이때 낙엽 내 질소나 인산, 칼슘과 같은 양분이 많이 들어 있는 경우는 미생물들이 선호하게 되고 분해도 쉽게 이루어진다.

물론 유기물 분해에는 미생물 자체가 중요하지만 궁극적으로 미

고온다습한 울릉도의 울창한 낙엽활엽수 원시림

생물들이 활동할 수 있는 조건도 중요하다. 즉 적당한 기온과 적당한 수분, 그리고 적당한 흙의 산도가 유지되어야 한다.

극단적으로 춥거나 수분이 없는 사막 같은 곳에서는 유기물질이 많더라도 이를 분해할 미생물들의 활동이 어려워 낙엽이 잘 썩지 않는다. 이런 곳에서는 낙엽이 두껍게 쌓여 있더라도 토양은 빈영양貧營養 상태인 것이다.

반대로 기온이 높고 수분이 많은 열대지역에서는 미생물의 활동이 너무 왕성하여 동식물 사체의 분해가 아주 빠른 속도로 진행된다. 하지만 토양층이 불안한 데다, 심하게 쏟아지는 폭우가 흙 속의 양분을 다 쓸어 가기 때문에 분해되는 것이 많음에도 불구하고 흙은 역시 빈영양상태로 남는다.

비록 신갈나무의 의지가 관여하는 바가 적다고는 하나 다행히 신갈나무의 꽃이나 열매, 씨앗, 혹은 콩과科 식물의 잎에는 질소 성분이 많아 분해가 빠르다. 반면 소나무나 잣나무, 전나무, 잎갈나무류와 같이 잎에 질소 성분은 거의 없고 탄소 성분이 많은 경우에는 그만큼 분해 속도가 느리다. 애초에 어린 도토리가 가랑잎 낙엽이 고인 골진 자리를 잡았던 점을 상기해 보라.

1 달걀버섯. 마치 계란을 뚫고 나온 듯한 모양 때문에 달걀버섯이란 이름을 가진 이 버섯은 로마 황제 카이사르가 즐겨 먹었던 식용버섯이다.
2 이끼패랭이버섯
3 무당버섯
4 낙엽층을 뚫고 솟아난 흰꽃무당버섯
5 아교뿔버섯. 버섯은 나무에 피는 또 하나의 꽃이다.

외투의 수선

불필요한 잎 문제는 해결했으니 이제는 겨울에 얼지 않도록 몸단장을 해야 한다. 다행히 신갈나무는 외투가 두꺼워 동상에 견디는 힘이 강하다. 신갈나무는 멋을 내기 위해 얇은 외투를 고집했다가 동상에 걸려 갈라 터진 상처를 안고 있는 나무들을 많이 보아 왔다. 신갈나무는 비록 다른 것에는 인색하지만 외투에 대한 비용은 기꺼이 지불한다.

일반적으로 나무의 목재는 매년 같은 두께만큼 축적되어 굵기를 더해 가지만 수피는 매년 같은 두께를 유지한다. 왜냐하면 수피를 이루는 코르크 조직은 매년 성장하면서 허물을 벗기 때문이다. 그러나 신갈나무의 수피는 자신이 붙어 있을 때까지 끝까지 버틴다. 목재가 성장하면서 수피가 비록 갈라 터지는 한이 있더라도 버틴다. 몇 해의 겨울을 지나는 동안 신갈나무의 줄기는 거죽도 두꺼워지고 갈라지면서 마치 누더기를 걸친 듯 누덕누덕하다.

수피는 나무의 가장 중요한 조직을 지키는 막중한 임무를 가지고 있기에 신갈나무 수피의 이런 고집스러움은 나무의 수피를 인상적인 것으로 만들었으며, 가을날 잎이 없는 나무의 존재를 가장 잘 알려 주는 얼굴이 되었다. 두꺼워진 수피 조각들은 서로 겹치고 포개져 겨울

투박하고 깊게 갈라진 수피는 산불이나 동물의 공격으로부터 나무를 보호하기도 하지만 물기를 많이 머금어 이끼와 같은 착생식물이 쉽게 자라게 하기도 한다. 신갈나무^{원쪽}, 버드나무^{오른쪽}

바람으로부터 줄기를 보호해 준다. 가끔씩이기는 하지만 불길로부터 생명의 원기를 보호해 주기도 하였다.

나무의 외투

나무의 외투는 가지각색이다. 자작나무는 하얀 신사복을 주로 입으며 플라타너스는 녹색의 얼룩얼룩한 옷을 즐겨 입는다. 여기다 플라타너스는 만니톨이라는 당분까지 첨가하여 비가 오는 날이면 독특한 냄새까지 난다. 한편 모과나무나 배롱나무, 노각나무는 노란색의 아름다운 무늬가 새겨진 옷을 입는다. 소나무는 거북등처럼 갈라진 적갈색의 두툼한 외투를 입고 있다. 굴참나무는 푹신푹신한 코르크 외투를 입고 있고 벚나무는 홍갈색의 얇은 외투를 입고 있다.

나무의 줄기를 감싸고 있는 조직을 전문용어로 '수피樹皮'라고 한다. 수피, 즉 나무의 껍질은 줄기의 부피생장을 진행시키는 형성층의 바깥쪽에 있는 모든 조직을 통틀어 일컫는데 언뜻 보기에 한 층의 조직으로 보이지만 여러 겹의 서로 다른 조직으로 이루어져 있으며 끊임없이 형성되고 사멸된다.

흔히 관다발식물이라 하면 식물 체내 수분의 통로인 목부木部와 부피 생장을 주도하는 형성층, 그리고 영양분의 통로인 체관부가 하나의 다발로 이루어져 있는 식물을 말한다. 일반적인 관다발 체계는 가운데 형성층을 중심으로 안쪽으로는 목부와 바깥쪽으로 체관부가 서로 붙어 있다.

거제수나무의 황금빛 수피

체관부의 바깥쪽에는 피층皮層이라는 피부조직이 있고 피층의 바깥쪽에 코르크 형성층이 있다. 코르크 형성층은 줄기 내부의 형성층과 마찬가지로 살아 있는 세포조직으로, 계속 새로운 코르크를 만들어 제일 바깥쪽에 코르크층을 형성한다. 나무의 직경 생장은 목질부의 형성층에 의해 이루어지지만 코르크 형성층에 의해 수피 역시 직경 생장에 기여하게 된다. 코르크 형성층의 배열상태, 위치 등에 따라 수피의 모양이 달라지는데, 자작나무는 얇은 코르크층을 만들고 굴참나무의 경우 코르크 형성층이 주로 두꺼운 코르크층을 만든다.

　나무가 살이 찌는 방향은 중심에서부터 바깥쪽으로 살을 붙여 가는 것이 아니라 바깥쪽에서부터 안쪽으로 목질조직을 밀어 넣는 과정이다. 나무의 살아 있는 형성세포는 나무의 외곽 쪽으로 분열해 나가면서 안쪽으로는 오래된 세포를 쌓아 간다. 즉 안으로 갈수록 오래된 세포가 남아 있는 것이다. 안쪽 세포는 생명활동을 도모했던 세포 내용물은 다 내버리고 대신 세포 속을 목질 성분으로 채워 가면서 몸을 지탱하는 데 지장이 없도록 단단한 조직으로 만들어 간다. 우리가 이용하는 목재가 바로 나무의 이런 속조직이다.

　나무의 생산조직이 줄기의 외부에 존재하기 때문에 속을 비어 내더라도 나무의 기본 생존에는 별 지장이 없다. 도심에서 나무의 속이 상하여 외과수술을 받은 것을 가끔 볼 수 있는데 나무의 줄기 속을 파내어 부실한 조직을 제거하고 대신에 콘크리트를 채워 넣더라도 나무의 생명에는 아무런 해가 없는 것이다.

　결국 나무에게 중요한 활동부위는 줄기의 중심에 있는 것이 아니라 수피의 바로 몇 센티미터 안쪽에 있는 것이다. 그러니 나무의 옷 수피의 중요성은 새삼 말할 나위도 없는 듯하다.

　코르크층으로 이루어진 수피는 수분의 손실을 막고 외부로부터의 충격이나 병원균의 침입을 막아 준다. 수피는 영양학적으로 가장 영양상태가 낮으면서 또한 분해에 대

굵은 조각으로 떨어지는 백송의 흰 수피와 얇은 조각으로 떨어지는 물박달나무의 수피

해 저항성이 가장 높은 조직으로 수분함량이나 셀룰로오스, 질소, 탄수화물 등의 비율은 낮은 반면 리그닌, 탁시폴린, 수피 추출물과 같은 복잡한 물질의 비율은 높으며 무엇보다 단단한 밀도를 지닌다. 이런 성질은 저항조직으로서의 수피역할을 지지한다. 한편 수피의 공기유통을 위해 수피의 숨구멍인 껍질눈이 있다.

   수피 속에는 다양한 물질들이 만들어지고 저장되기도 한다. 침엽수가 나무좀벌레의 공격을 받으면 목부의 살아 있는 세포는 수지구를 만들어 수지의 분비를 촉진함으로

코르크층이 두껍게 발달하는 굴참나무의 수피와 아주 얇은 종이처럼 벗겨지는 자작나무의 수피

써 공격에 대항한다. 육계나무의 얇은 껍질인 계피는 한약재로 이용되며, 참나무류는 염료를 만들거나 생가죽을 무두질하는 데 이용되는 타닌을 만든다. 고무나무의 고무, 무화과나무의 하얀 유액도 모두 수피에서 만들어진다.

해마다 만들어진 수피는 매년 새로운 수피로 대체되지만 나무에 따라 수년 동안 겹겹이 쌓이기도 한다. 겹겹이 쌓인 코르크 조직은 일찍이 세포를 발견할 수 있게 하는 역사적인 계기가 되었으며 포도주의 향을 보존하기 위한 병마개로서 더없는 역할을 한다. 또한 코르크 조직은 가볍고 방수성이 뛰어나 구두밑창, 선박의 내부재 등으로 이용되어 왔다.

강원도나 경상북도의 산이 깊은 곳에 발달한 굴피집은 굴참나무를 벗겨 지붕으로 이은 집을 이른다. 굴참나무는 유난히 두껍고 잘 발달된 코르크 수피를 형성하는데 코르크층을 잘 벗겨 낸 후 몇 년이 지나면 다시 두꺼운 코르크 수피층이 만들어진다.

줄기의 옷이 코르크층으로 만들어진 수피라고 한다면 잎의 옷은 얇은 큐티클로 만들어진 방수성 각피옷이다. 각피층의 표면에는 매끈하고 윤이 나는 왁스층이 덮여 있어 잎이 쉽게 건조되는 것을 막아 준다. 왁스는 물과 궁합이 전혀 맞지 않는 물질로 식물체내에서도 이동성이 적으며 왁스가 축적되는 곳에서 가까운 표피세포에서 만들어진다. 만일 왁스나 큐티클층이 없다면 식물은 수분 증발이 가속화되어서 결국 말라죽고 말 것이다. 또한 큐티클층은 병원균의 침입이나 기계적인 손상을 막아 주는 역할을 하기도 한다.

식물의 뿌리를 보호해 주는 조직으로는 수베린이라는 물질이 있다. 수베린은 식물이 상처를 받았을 때, 예를 들어 낙엽이 진 후나 감자의 덩이줄기를 잘랐을 때 상처 난 조직에서 생긴다. 수베린은 뿌리의 세포벽에 긴 띠 모양의 카스파리안대casparian strip를 만들어 수분이 세포벽을 함부로 넘나드는 것을 막는다. 항상 물기가 있는 흙 속에 몸을 담그고 있는 뿌리에게는 정말 지혜로운 발명품이다.

두꺼운 코르크 수피는 주요한 조직을 보호하기도 하지만 나무에 구멍을 뚫고자 하는 곤충들에게도 효과적인 방어수단이 된다. 산란할 자리를 찾는 나무좀에게 굵고 든든한 줄기를 가진 신갈나무는 이상적이다. 그러나 몸집이 작은 나무좀이 두꺼운 수피를 뚫는 일은 매우 어렵다. 설상가상으로 비라도 오면 물기를 머금은 수피가 부풀면서 구멍이 막히고 나무좀은 그 속에 갇히기 십상이다. 턱이 강하고 몸집이 큰 사슴벌레 정도라면 신갈나무도 손쓸 도리가 없지만.

그러나 두툼하고 푹신한 수피는 나무에게 전혀 생각지 못한 위험을 안겨 주기도 한다. 거칠고 골이 패이고 여러 겹인 신갈나무의 수피는 비가 오면 빗물을 가두어 푹신한 온상이 되곤 한다. 나무가 어릴 때 수피는 미끈하고 건조해서 이끼나 고사리와 같은 착생식물들이 뿌리를 내리는 데 어려움이 있었다. 그러나 성장한 신갈나무의 수피는 작은 생명들이 뿌리를 내릴 만큼 물과 양분을 가지고 있다. 대부분의 착생식물들은 관다발조직이 허술해서 땅으로부터의 수분 흡수나 이동에 경쟁력이 약하다. 이들에게 신갈나무의 축축한 수피는 더없이 좋은 온상이 된다.

가끔 수피에서 자라는 지의류는 나무에게 일종의 보상을 주기도 한다. 지의류를 이루는 공생박테리아의 하나인 남조류나 시아노박테리아는 대기 중의 질소를 고정한다. 가끔 나무는 빗물에 녹아 나오는

굴참나무의 두툼한 수피 절단면. 굴참나무의 코르크 수피는 사람들에게 항상 표적이 되고 있다.

이 질소화합물을 흡수하기도 한다. 젊고 혈기왕성한 신갈나무에게 이런 너그러움은 어울리지 않는다. 신갈나무는 수피조직에 타닌을 밀봉해서 식물들이 달라붙는 것을 방지한다.

하지만 신갈나무는 오랜 경험에 비추어 너무 과한 습관은 꼭 탈을 불러온다는 것을 익히 알고 있었다. 꽃이 아름다우면 꽃에 망가지고 열매가 탐스러우면 열매로 당하고 잎이 가치 있으면 잎으로 당하는 것을 알고 있다. 칼로 일어난 자는 칼로 망하고 말로 일어난 자는 말로 망하는 것과 같은 이치이다. 수피 또한 예외는 아니었다. 푹신푹신한 수피를 만드는 굴참나무는 이미 그 탐스러운 수피 때문에 사람들에게 뜯겨지는 수모를 당하고 있고, 후박나무나 굴피나무 역시 몸에 좋다면 곰의 쓸개도 마다 않는 인간들에게 수난당하고 있다. 신갈나무는 수피가 할 수 있는 최소한의 능력을 인정하여 정도正道를 지키는 법을 알고 있었던 것이다.

기둥의 보강

한편 줄기도 겨울채비를 해야 한다. 해마다 수백 개의 탄소고리를 엮어 단단한 목질섬유로 나무 속을 채우고 그 어떤 힘도 꺾지 못할 정도의 강도를 갖추어 놓는다. 참나무의 근성을 나무는 어느덧 따르고 있다. 하지만 이 강직한 근성은 사람들이 자신들을 해하는 구실이 되기도 한다.

사실 나무의 줄기 곧 목재는 오래전부터 인간이 가장 원하는 자원이었다. 소나무의 역사는 그런 점에서 묘한 아이러니이다. 부드럽고 결이 고우며 향기가 좋은 소나무의 목재는 동서고금을 막론하고 사람들이 가장 원하는 목재자원이었다. 결국 사람에 의한 관리는 나무의 목재를 생산하기 위한 것이었으니 소나무가 반드시 행복했을 것이라고는 장담할 수 없다. 소나무의 입장은 모르겠지만 분명한 것은 소나무와 함께 살아온 다른 나무들이 당한 억울함이다.

신갈나무의 사촌인 졸참나무도 간혹 목재의 요긴함으로 인해 사람들에게 수난을 당한다. 졸참나무의 줄기에는 표고버섯이라는 놈이 유난히 잘 자라기 때문에 사람들은 표고버섯을 기르기 위한 대목臺木으로 졸참나무를 잘라 간다. 나무가 적당히 자라 둘레가 수센티미터가 되기가 무섭게 사람들은 줄기를 잘라 간다. 아예 사람들은 밭을 일구고 졸참나무를 버섯 대목으로 키운다.

갈대의 지혜

항상 바닷바람이 몰아치는 해안가의 갈대들이 살아남기 위해서는 튼튼하면서도 바람에 잘 견딜 수 있는 기둥을 만들어야 한다. 하지만 갈대가 자라는 곳은 질퍽이는 땅으로 지극히 자원이 빈약한 곳이다. 게다가 해마다 새로운 잎을 만들어야 하기 때문에 나무들처럼 줄기 속을 꽉 채우기에는 가진 것이 너무 없다. 어차피 가을이면 폐기 처분해야 하는 줄기들이기도 하다.

따라서 바람에 맞서 싸울 것이 아니라 바람을 사랑하는 법을 배워야 한다. 갈대는 이런 문제점들을 극복하는 눈부신 기술을 발전시켰다. 줄기의 속은 비어 있어 쉽게 바람에 꺾이지 않는 유연성을 갖는다. 하지만 줄기 속만 비워 둔다고 능사는 아니다. 몸을 지탱할 수 있는 힘도 함께 실어 주어야 한다. 갈대의 잎은 그런 의미에서 협동심이 대단하다. 갈댓잎의 아랫부분은 길쭉하게 원통형으로 말려 갈대의 줄기를 감싸고 있다. 이를 전문용어로 '엽초'라고 한다. 무시할 수 없을 정도의 질긴 엽초들이 줄기를 단단히 에워싸고 있는 모습은 눈물겹다. 근본적으로 나무들이 목질 성분으로써 내부를 든든히 하는 것과는 반대이다.

한편 질퍽한 땅은 모든 것을 쉽게 썩힌다. 썩는 것을 방지하기 위해서 갈대는 줄기

바닷바람에 맞서 살아야 하는 갈대는 바람에 대항하기보다는 바람을 사랑하는 법을 배웠다. 충남 태안군 신두리 해안의 갈대밭 ⓒ 경원대학교 조경학과 최정권 교수

성분에 특수한 방수 성분을 배합하였다. 바닷가 토양에 흔하며 견고함도 얻을 수 있는 자재인 규소를 섞어 내구성과 더불어 부식에 견디는 힘도 증가시키고 있다. 억새나 갈대의 잎에 손을 베거나 다리가 온통 갈댓잎에 긁혀 본 경험이 있을 것이다. 갈대 조직의 규소 성분이 갈대를 마치 유리와 같이 예리하게 만든 것이다.

   갈대를 비롯하여 벼, 밀, 옥수수, 사탕수수 등 모두가 이런 방법을 이용해 가장 빈약한 자원으로 가장 튼튼한 줄기를 만드는 것이다. 특히 옥수수나 사탕수수는 줄기의 중심을 수髓로 채우고 있는데 갈대에 비해 약간의 탄력과 두께를 지닌다.

무엇보다 참나무 목재는 타는 온도가 높고 불꽃도 강해 숯을 만들기 위해 많은 수난을 당했다. 목재에 있는 미세한 구멍들은 숯의 표면적을 넓게 만들어 주변의 물질을 흡착하는 성질이 높아 그 쓰임새가 아주 많다.

신갈나무는 이런 위험을 감수하더라도 우선적으로 단단한 목재 조직을 가꾸어 큰 나무로 자랄 미래에 대비한다. 단단한 목재야말로 신갈나무의 정체성이다. 수피와 목재 바깥의 느슨한 세포 속 내용물을 말려 버리고 세포벽과 세포벽 사이를 목질 세포로 채워 넣어 강한 힘을 부여한다. 간간히 방부성 타닌도 처리하여 물과 성가신 생물들이 꼬이는 것을 막는다.

추위 이겨 내기

신갈나무에게 있어 변하는 것은 외형만이 아니다. 나무의 세포 속도 나름의 겨울 준비를 한다. 우선 나무는 세포 속의 물기를 모두 세포 사이로 옮겨 놓는다. 물기란 얼기 시작하면 천파만파로 몸집을 불려 가는 고약한 습성을 지니고 있어, 만일 세포 속의 물이 조금이라도 얼면 이것들이 커지면서 세포는 무참히 찢기고 만다. 물기 대신에 신갈나무는 당분을 농축시켜 세포 내 점도와 혼합도를 증가시킴으로써 쉽게 어는 것을 방지한다. 여름의 촉촉하고 팽만하던 세포와는 달리 겨울이 되면 세포는 최소한의 크기로 진하게 농축된다.

내부적으로 나무는 세포 내 탄수화물, 단백질, 지방 등을 농축시키기 시작한다. 이는 세포용액의 농도를 증가시켜 어는점을 낮추는 효과를 가진다. 마치 겨울철의 바닷물이 잘 얼지 않는 것이나 소주가 잘 얼지 않는 것과 같은 맥락이다. 특히 세포가 내한성耐寒性을 갖추어 가는 동안 현저하게 변화하는 것이 당류이다. 생장이 느려지고 호흡이 감소함에 따라 세포 내 당류는 증가하는데 주로 설탕의 함량이 증가한다. 이들은 주로 세포 내 저장기관인 액포에 저장된다. 주저장조직인 뿌리나 줄기는 당도 높은 조직으로 변한다. 겨울 숲을 서성이는 배고픈 짐승은 이런 나무의 가지를 먹음으로 허기를 달랠 것이다. 다행히 신갈나무의 두툼한 수피는 안쪽의 저장조직을 효과적으로 방어한다.

이후 영하의 날씨가 지속되면 나무는 세포막 내 인지질을 증가시켜 막이 단단하게 고체화되는 것을 방지한다. 이미 잎으로부터 인산은 확보한 상태이다. 한편으로 세포 밖의 수분을 세포 내로 이동시켜 수용성 단백질을 증가시킴으로써 세포 내의 자유로이 떠도는 물기를 감소시킨다. 물은 그 성질상 얼기 시작하면 응집력에 의해 주위의 수분을 끌어당기면서 얼음 결정을 키워가는데 이 과정에서 세포막이 파괴된다. 따라서 세포 내 수분을 감소시킴으로써 이러한 위험성을 제거하는 것이다. 이렇게 해서 나무는 겨울을 날 채비를 마친다.

　이렇게 내한성을 갖춘 나무는 섭씨 영하 30도 이하에서도 얼지 않고 살아남을 수 있다. 나무 중에는 섭씨 영하 80도에서도 견디는 것이 있는데 미루나무가 그 예이다.

　하지만 가끔 나무도 겨울의 찬 기운에 상처를 입곤 한다. 어찌 모든 것이 완벽할 수 있을까. 한겨울에 나무는 실제로 곰이나 개구리가 겨울잠을 자는 것과 같이 긴 겨울잠에 빠져 있다. 몸속의 에너지 소모량을 줄이기 위해 떨굴 것은 떨구고 정리할 것은 정리하고 최소한의 것으로 숨조차 제대로 쉬지 않고 버틴다. 이 과정에서 나무도 얼어 죽거나 동상에 걸리기도 한다. 나무가 미처 대비하기 전에 추위가 갑작스레 닥쳐오면 나무도 별 수 없이 얼어 죽거나 동상에 걸리는 것이다.

　도장지徒長枝라는 것이 있는데 이는 여름철에 이상적으로 길게 웃자란 가지를 이르는 말이다. 멀리서 보았을 때 유난히 길고 가늘며 연두색을 나타내는 가지로, 나무의 외곽에서 솟아 있다. 여름철에 비료를 주면 나무들은 가지를 갑작스럽게 성장시키는데, 자라는 속도만큼이나 세포분열 속도도 빠르고 따라서 조직도 연하고 물기가 많다. 이런 도장지는 미처 겨울을 대비할 시간적 여유도 없이 곧 추위에 직면하게 된다. 특히 물기가 많은 조직은 찬 기온에 치명적인데 물기는 곧 얼음으로 변하고 자신의 세포들을 파괴하게 된다. 문제는 상처가 도장

겨울을 보낸 뒤 갈라 터진 신갈나무의 껍질. 봄날 한창 물이 올라 연해진 조직은 약간의 꽃샘추위에도 동상을 입고 상처를 받는다. 그래서 봄은 나무에게 더욱 조심스러운 계절이다.

지에서만 끝나면 그만인데 상해 조직은 다른 병충해에도 저항력이 약해져 정상적인 가지까지 위험에 빠뜨리는 것이다. 나무를 아끼고 사랑하는 마음이야 알겠지만 어찌 사람 마음만으로 모든 것이 다 해결되겠는가. 결과적으로 나무에게 상처만 남기는 꼴이 된 것이다. 사랑하는 마음도 중요하지만 사랑하는 방법도 중요함을 알 수 있다.

그러나 정작 나무가 추위로 곤욕을 치르는 것은 엉뚱하게도 겨울이 아니고 봄이다. 봄철, 겨울잠에서 깨어난 나무는 부지런히 물오름을 시작하고 신록을 피워 낸다. 온몸의 조직들은 봄의 흥분으로 인해 연하고 물기도 많다. 하지만 심술궂게 날씨가 변덕을 부리고 만 것이다. 꽃샘추위는 말 그대로 봄을 시샘하여 이제 막 움트는 싹을 긴장시키고 공포에 빠뜨리곤 한다. 조직이 특히 연하고 체내 수분이 많은 봄철에 비록 일시적이기는 하지만 갑작스러운 저온현상은 나무에게 치명적이 될 수 있는 것이다.

이제 한겨울이 찾아오고 높은 산에 흰눈이 뒤덮여도 신갈나무는 인내할 수 있다. 어쩌면 모든 것을 다 잊어버리고 할 일을 다한 후에 모든 것을 운명에 맡기고 기다리며 조용히 쉴 뿐이다. 신갈나무가 사는 곳은 유난히 춥고 눈도 많이 온다. 신갈나무는 그 겨울을 선 채로 조용히 그냥 인내한다.

다섯, 꽃

신갈나무의 꽃

꽃을 피우는 기쁨

성년식을 치를 나이만큼 자란 신갈나무는 제법 나무로서의 모양새를 갖추었다. 조금씩 차이가 있기는 하지만 벌어진 가지도 여럿이고 모양새도 그럴 듯하다. 수피도 제법 거뭇거뭇 관록이 있어 보인다. 몸통도 두툼하여 어느 정도는 부유해 보이기까지 한다. 줄기 기둥 속에는 목질 섬유가 꽉 차 있어 강건함도 갖추었다. 감히 이겨 보겠다고 억지를 부리는 풀들도 그 억지가 귀여운 몸짓으로 보이기도 하고 가지를 뻗어 툭툭 건드리는 놈들도 두렵지 않다. 하늘도 제법 가까이 느껴지고 쏟아지는 봄볕도 먼저 받는 축에 속한다. 새로운 일을 도모할 만큼 자란 듯하다.

하지만 신갈나무도 아직 해 보지 못한 것이 있다. 꽃을 피우고 열

20세기 아름다운 성남 신갈나무

매를 맺는 일이다. 봄이면 숲은 아름다운 꽃들로 황홀할 지경이었다. 분홍빛 진달래가 산야를 불 지르고 노오란 생강나무 꽃은 계절을 희롱하고 하얀 벚꽃은 계절에 왕관을 씌운다. 제아무리 아름다운 신록이라지만 화려한 꽃 무리에게는 역부족이다. 나무는 적잖은 부러움에 은근히 잎눈을 조르기도 하고 협박하기도 했다.

올봄은 참으로 기다리고 기다렸다. 겨울이 유난히 길게만 느껴졌던 것은 나무가 지난여름의 약속을 기억하기 때문이다. 지난여름, 나무는 특별한 작업을 하였다. 이때까지의 모양과는 다른 눈을 만들었던 것이다. 다른 원료를 배합하여 크고 두툼한 눈을 같이 만들어 두었다. 당혹스러울 만큼 힘이 들었던 사실도 기억한다.

신갈나무에게 예사롭지 않은 흥분이 일어난다. 가지 끝의 새순들이 서로 다른 준비를 서두르고 있다. 드디어 때가 온 것이다. 이파리가 비어져 나오는 틈 사이로 이전에 볼 수 없었던 것이 피어오른다. 그 동안 억제되었던 본능의 하나가 긴 사슬에서 풀려나오는 순간이다.

한낮의 봄 햇살은 마치 잠자는 공주를 깨우는 왕자의 입맞춤과도 같이 신비로운 힘을 지니고 있다. 숲 속의 생명들치고 봄 햇살의 은혜를 입지 않은 것이 어디 있을까. 처음으로 꽃을 피우는 대열에 참가한 나무에게 올해의 봄빛은 유난히 아름답고 신비롭다.

목본식물의 개화

나무가 꽃을 피우는 데는 복잡한 과정이 필요하다. 우선 나무는 동물과 마찬가지로 어린 시기를 지나 어른이 되어야만 새끼를 낳을 수 있는 것처럼 어린 유형기幼形期를 거쳐 어른 나무가 되어야만 꽃을 피운다. 유형기의 기간은 나무에 따라 다르지만 소나무는 보통 5년 이상이 걸리며 참나무류는 이보다 오랜 약 20년 정도가 걸린다.

나무에 꽃이 피기 위해서는 꽃눈이 만들어져야 하는데 꽃눈은 일반적으로 미리 만들어져 있기보다는 잎눈이 내부 조절물질에 의해 꽃눈으로 변형되는 경우가 많다. 일반적으로 꽃눈은 수고생장키 자람이 정지되어 세포분열이 일시적으로 정지되면서, 줄기 끝에 있는 정단분열조직이 영양생장주로 잎에서 생산조직주로 꽃으로 전환되는 데 필요한 시간적 여유가 주어져야 한다. 어린나무는 봄부터 가을까지 쉬지 않고 계속해서 자라는 특성이 강하다. 일부 나무는 정단분열조직의 세포분열 횟수가 어느 정도 되어야 어른이 되는데, 어린나무를 장일長日, 인공적인 빛을 주어 낮 길이를 길게 조절 처리하여 가을까지 충분히 영양생장을 하도록 유도하여 일찍 생식생장꽃 피고 열매 맺는 데 필요한 생장활동으로 전환시킬 수 있다.

대나무의 꽃

꽃을 피우고 싶은 욕망의 최고 절제는 뭐니 뭐니 해도 대나무이다. 대나무 꽃은 식물 중에서도 매우 특이한 경우다. 꽃 모양이야 대나무가 속한 벼과(科) 식물들과 비슷하나 피고 지는 습성은 매우 위험하다.

죽음을 부르는 대나무의 꽃. 꽃을 피운 가지는 누렇게 말라 있다.

기록상 나타난 대나무류의 꽃 피는 주기는 짧게는 3년에서 길게는 120년까지이다. 대나무가 꽃을 피울 때는 잎이 나와야 할 잎눈이 꽃눈으로 변하면서 이 꽃눈에서 벼이삭 모양의 꽃이 핀다. 대나무도 계보를 거슬러 올라가면 벼와 한집안 식물이다.

대나무의 꽃이 필 때는 잎이 나지 않는다. 잎이 나지 않은 대나무는 양분을 만들 수 없으므로 한 번 꽃을 피우고 나면 영양상태가 극도로 나빠져 회복하는 데 10년 이

왜성 대나무 종류인 조릿대 역시 꽃이 핀 가지는 지상부 전체가 말라 죽는다.

상의 긴 시간이 요구된다. 뿐만 아니라 이제까지 비축해 두었던 영양분의 거의 90퍼센트 이상을 꽃을 피우는 데 소모한다. 따라서 꽃이 피고 난 대나무는 거의 누렇게 말라 죽고 한참 지난 후에야 땅 밑 뿌리로부터 새로운 대나무가 자라기 시작한다. 그래서 대나무의 꽃을 '죽음을 부르는 꽃'이라고 한다. 이 운명적인 별칭을 가진 꽃의 모양은 집안의 혈통을 그대로 이어받아 화려한 꽃잎은 없고 벼나 옥수수처럼 수술과 암술로만 이루어져 있어 비극적인 죽음을 몰고 오는 꽃으로서의 극적인 면이 약화되는 듯하다.

신갈나무의 꽃. 꼬리를 길게 늘어뜨린 수꽃이 구슬처럼 꿰어져 있으며 잎이 둘러쳐진 가지의 끝에 아주 작은 보라색 암꽃이 피어 있다.

  신갈나무는 조심스러운 마음으로 아주 이른 봄부터 몸단장을 시작한다. 사람들의 시선이 화려한 개나리, 진달래에 쏠려 있을 때 나무는 은근한 일을 진행시킨다. 잎이 나기 전에 꽃부터 피우자. 잎이 나고 난 후 꽃이 피면 잎사귀에 가려서 꽃가루가 날아가기가 힘들다.
  햇살의 길이만큼 나무의 꽃이 길게 피어난다. 연두색의 몽글몽글한 구슬 무더기가 줄을 타고 흘러내리며 매달려 있다. 신갈나무의 꽃은 암꽃과 수꽃이 나뉘어 핀다. 수꽃은 가지의 끝에서 잎과 동시에 피어난다. 갸름하던 눈이 봄빛으로 부풀어 오르면서 벌어지면 구슬을 꿴 듯한 꽃망울들이 긴 꼬리처럼 붙어 늘어지면서 피어난다. 늘어진 꽃의 밑동에는 겨우내 꽃눈을 감싸고 있던 인편鱗片들이 눈물겨운 모습으로 붙어 있다. 노오란 수술가루가 터질 듯이 부풀어 오르면서 가지 끝에는 알아주는 이 드문 노란 꽃이 피어난다.

신갈나무의 꽃은 꽃이라 하기에 언뜻 믿어지지 않을 만큼 생략된 것이 많다. 진달래가 가진 분홍의 꽃잎도, 개나리가 가진 노란색의 꽃잎도, 목련이 가진 흰색의 꽃잎도, 그리고 장미가 가진 그 멋진 꽃받침도 없는 단출한 꽃이다.

신갈나무는 자신이 처음으로 피워 낸 꽃이 비록 사람들이 말하는 보편적인 아름다움과 화려함은 갖추지 못했지만 여간 대견스럽지가 않다. 신갈나무의 꽃은 기억하는 이가 드물다. 아니 꽃이 핀다는 것 자체를 알아주는 이도 드물다. 하기야 사치스러운 꽃잎도 아름다운 꽃색도 향기로운 냄새도 갖추지 못했으니 몰라주는 것도 당연하다. 버드나무, 사시나무, 서어나무 모두가 그런 점에서는 한통속이다. 그들의 꽃은 사람들에게 전혀 꽃이 아니다. 존재 자체도 알려지지 못하는 경우가 많다. 가을이면 빨간 열매가 탐스러운 주목의 열매도 꽃으로 말미암은 사건이라는 것을 사람들은 알려 하지 않는다.

그러나 알아주는 이 없다고 해서 꽃을 피우지 않을 수 없으며 화

비록 꽃잎이 없는 꽃을 피우지만 물황철나무의 수꽃이나 버드나무의 수꽃은 여느 꽃 못지않게 아름답다.

려하지 못한 꽃이라 해서 그 사명을 비껴간 적도 없다. 그의 어미 역시 볼품없는 꽃이라 해서 단 한 번도 종자를 맺는 데 실패한 적이 없다. 꽃의 최대 임무는 종자를 맺는 일이라 하지 않는가.

    수꽃이 피고 나면 드디어 잎들이 기다렸다는 듯이 피어오른다. 세상 그 어느 나무보다도 아름다운 어린잎을 신갈나무는 가지고 있다. 새잎이 보드라운 줄기를 내는 가운데 드디어 암꽃이 피어난다. 수술을 길게 늘어뜨린 수꽃과 달리 암꽃은 단정한 모습으로 발그레 흥분된 채 노오란 암술머리를 내밀고 있다. 나무의 암꽃은 잎자루들 틈에서 동그랗게 붙어 피어난다. 암술머리는 날아드는 꽃가루를 붙들기 위해 끈끈한 액체를 분비한다.

부드러운 바람이 봄빛을 어우를 때 노오란 꽃가루들은 기다리는 짝을 찾아 비상한다. 꽃가루가 떠난 자리는 까만 흔적들이 구슬처럼 꽃대를 따라 달린다. 가능한 한 멀리 날아야 한다. 어쩌면 진정한 생으로의 투쟁은 바로 이 순간부터인지 모른다. 그래서 충실하고 새로운 짝을 찾아야 한다.

바람결에 물결치는 꽃가루는 그를 애타게 기다리는 어느 꽃의 암술머리에 안착한다. 암꽃은 꽃가루를 그의 품으로 받아들여 사랑의 결실로 승화시킨다. 이제 암꽃이 있던 자리에 열매가 다시 구슬처럼 올라붙는다.

신갈나무의 꽃은 시간이 만들어 낸 작품이다. 일찍이 씨앗을 거둘 수 있는 씨방을 가지지 못하는 소나무나 은행, 소철의 꽃에 비하면 과히 혁명적인 꽃이었다. 이런 신갈나무 꽃의 변화는 다양한 꽃 발달의 모범이 되었다.

꽃의 진화

이 지구상에 제일 먼저 출현한 관다발식물은 양치식물들로 석송, 속새, 고사리 등이 속하는 식물군이었다. 양치식물들은 홀씨라는 것으로 번식을 도모했는데 암컷 배우자를 만나기 위해서 수컷 배우자는 수정의

매개로 물을 이용하였다. 지금부터 약 3억~4억 년 전인 고생대 데본기에 들어 지구상에는 홀씨가 아닌 종자를 만드는 종자식물이 출현하게 되는데 가장 먼저 출현한 종자식물은 소철류와 은행나무류였다. 이들은 암나무와 수나무가 따로 있어 가루받이를 하여 종자를 만들기 시작했는데 아직도 원시적인 속성을 완전히 배제하지는 못했다. 이들의 수꽃가루에는 마치 동물의 정자와 같이 움직이는 운동기관인 편모가 달려 있어 물속을 헤엄쳐 간다.

식물의 조직과 기관은 진화를 거듭해 새로운 종자 생산 방법을 발달시켜 나갔다. 종자식물은 겉씨식물과 속씨식물로 발달해 나갔는데 소나무, 잣나무와 같은 침엽수들이 겉씨식물의 주를 이루었다.

소나무의 암꽃과 수꽃. 노오란 수꽃이 빨간 암꽃을 호위하고 있다.

소나무는 한 나무에 암꽃과 수꽃이 같이 피는데 꽃에는 꽃잎이 없다. 수꽃의 꽃가루는 암꽃에 도달하기 위해 바람을 타고 공중을 날아다닌다. 소나무의 암꽃에는 날아다니는 꽃가루를 붙잡기 위해 마치 갈고리 모양으로 생긴 돌기가 있으며 그 안쪽 겨드랑이에 암술머리와 같은 것이 있

꽃보다 아름다운 구상나무의 열매. 바람에 열매들이 흩어져 날아가고 나면 빈 대만 남는다.

가문비나무의 앙증맞은 열매

다. 수많은 꽃가루 중에서 운 좋은 하나는 암술에 걸려 가루받이를 하고 씨앗을 품는다. 즉 씨앗이 꽃의 바깥 겨드랑이에 붙어 만들어진다. 그리고 수정된 세포는 별다른 보호기관 없이 포자엽에 붙은 채로 자라게 된다. 씨앗이 외부에 그대로 노출된 채 자라는 것이다. 그래서 이들 식물군을 겉씨식물이라 한다.

　　겉씨식물은 주로 '구과毬果'라고 하는, 솔방울과 비슷한 열매를 맺는다. 소나무의 솔방울을 주워 하나하나 낱개로 뜯어 보면 인편鱗片이라 불리는, 비늘 조각에 날개를 단 씨앗이 바싹 붙어 있는 것을 볼 수 있다.

　신갈나무는 소나무에 비해 혁신적인 변화를 성공시켰다. 참나무류의 꽃 역시 소나무와 마찬가지로 꽃잎이 없기는 하지만 암꽃의 구조가 다소 복잡하다. 암꽃에 획기적인 장치가 만들어진 것이다. 신갈나무 암꽃의 기본구조는 화려한 꽃잎만 없을 뿐 아름다운 장미와 닮아 있다. 즉 암술머리 밑으로 불룩한 방이 있고 그 안에 수정을 기다리는 알세포가 만들어져 있다. 버드나무, 참나무, 포플러 등 우리가 꽃을 기억하기가 힘든 나무들과 벼, 옥수수 등이 놀라운 진화를 이루어 낸 것이다.

　수꽃에서 만들어진 꽃가루가 바람에 의해 암꽃의 암술머리에 앉은 후 꽃가루관이 생기면서 정핵이 씨방의 알세포와 만나 수정을 이룬다. 수정된 세포는 씨방이라는 특수한 육아실에서 씨앗으로 키워진다. 씨방 속에는 앞으로 씨앗의 싹이 먹고 자랄 배젖이 만들어지고 일부 씨방의 외벽은 두꺼워지기도 한다. 겉씨식물과 달리 씨앗이 씨방 속에 품어져 있어 이를 속씨식물이라 한다.

　그러나 문제는 여전히 남아 있다. 이들 꽃 역시 수꽃에서 만들어진 꽃가루가 바람에 날려 원하는 꽃에 이르게 되는데 바람에 의존하는 것은 성공의 확률이 매우 낮다. 바람을 잘 이용하기 위해 암꽃은 주로 바깥가지의 위쪽에 배치하는 기술을 부려 보기도 했다. 아래쪽에서 만들어진 꽃가루가 상승하는 바람을 타고 암술머리에 붙도록 물리적 장치를 한 것이다. 또한 꽃가루를 받기 위한 암술머리를 촘촘한 빗살 모양으로 정교하게 만들기도 했다. 그리고 불확실성을 줄이기 위해 엄청난 양의 꽃가루를 만들어야 하지만 그 결과도 장담할 수 없다.

    신갈나무의 변화는 여기서 멈춘다. 하지만 꽃의 발달은 계속된다. 좀더 확실한 방법을 만들어야 한다. 거래실명제, 즉 확실한 전달자를 통해 꽃가루를 배달하는 일이다. 식물들이 화려한 꽃들을 만들어 내는 시기를 같이하여 지구상에는 엄청난 종류의 곤충들이 하늘을 날고 있었는데 식물은 이들을 우편배달부로 이용하기로 작정하였다. 식물과 곤충과의 밀월의 시대가 열린 것이다.

    우선 식물은 곤충에게 자신을 알리기 위해 잎의 일부를 변형하여 아름다운 모양의 꽃잎을 만들기 시작했다. 곤충의 특수한 시각에 맞추어 꽃잎은 모양과 색을 치장하고 우리 인간의 눈으로는 알아볼 수 없는 암호를 새겨 넣기도 했다. 이것으로 부족하다고 느낀 식물은 독특한 향기를 만들어 내뿜기도 한다. 꽃밥 배달자를 위한 특별 수고비로는 달콤하고 향기로운 꿀을 준비하였다. 꽃과 곤충의 공진화 역사는 놀라운 자연의 신비를 보여 준다.

    일부 꽃들은 새들을 중매쟁이로 이용하기도 하는데 우리나라 남부지방의 겨울을 불태우는 동백나무는 좋은 예를 보여 준다. 동백이

상록성 진달래의 일종인 칼미아. 화려한 꽃의 실체는 결국 종자를 맺어 후대를 보장하는 일이다. – 콩과식물의 꽃은 갈래꽃이지만 꽃잎의 모양은 각기 다르다(갈퀴덩굴의 일종).

꽃은 사랑의 중매쟁이를 유혹하기 위한 암호를 꽃잎에 새겨 두기도 한다. 술패랭이꽃 왼쪽, 부겐빌레아 오른쪽

꽃을 피우는 겨울은 꽃밥을 배달해 줄 곤충들이 거의 없는 시기이다. 동백은 이런 애로사항을 새를 이용하여 극복하였는데 바로 동박새가 동백꽃의 사랑의 전달자이다.

신갈나무는 진화의 단계에서 가장 합리적인 선택을 한 나무이다. 종자를 키워 내는 필수적인 방법만을 마련했을 뿐 더 이상의 화려함은 수용하지 않았다. 그래서 나무는 더욱 긴 생명력을 부여받을 수 있었다.

꽃의 변형

사람들은 꽃의 의미를 전혀 다르게 받아들이는 모양이다. 그렇지 않고서야 장미같이 종자도 만들지 못하는 병신꽃을 보고 감탄할 리 없으니 말이다. 아무리 꽃색이 화려하고 향기가 좋으면 무엇하랴. 장미는 그 아름다운 꽃과는 달리 열매를 만들지 못한다. 사람들의 사치스러운 욕망을 위해 기형적으로 꽃만 비대해지고 말았으니, 장미의 야생 선조들은 노기에 찬 몸서리를 칠는지도 모른다.

어디 장미뿐인가. 동백은 어떤가. 동백 역시 장미와 마찬가지로 그 담백한 맛이 사라지고 겹겹의 꽃잎으로 뭉쳐져 있다. 야생 동백의 가운데 노랗게 빛나는 수술은 그 얼마나 열정적인 정열과 아름다움의

원조 동백의 정열적인 꽃 – 자연의 속성을 간직하고 있는 동백나무는 꽃이 진 자리에 열매를 달 수 있다.

극치가 아니었던가.

국화는 또 어떤가. 원래 국화꽃은 전체를 위해 희생하기로 작정한 꽃들이 벌과 나비를 유혹하기 위해 하나의 꽃잎으로 변형되어, 진짜 기능을 가지는 무수한 꽃들을 둘러싸고 있다. 희생에 대한 충실을 보이기 위해 원래의 꽃들은 노란 수술들을 힘차게 내밀어 존재의 사명을 불사른다. 그리하여 가을이 깊어 가는 어느 날, 사랑의 결실들이 꽃송이 위에 하얗게 피어오른다. 하지만 사람들은 모든 꽃들에게 희생을 강요했다. 커다란 꽃송이는 모조리 변형된 꽃부리들로 메워지고 꽃들이 시드는 날 작은 씨앗 하나 품지 못한 채 그냥 떨어져 나간다.

장미나 국화 모두 종자를 생산해 내는 성스러운 임무를 박탈당한 채 오로지 사람들을 즐겁게 해 주는 일로써 존재가치를 인정받는다. 그 결과 이들의 번식은 몸뚱어리의 일부를 잘라 대량으로 이루어진다.

동백꽃의 개량품종. 이들은 잠깐의 아름다움을 줄 뿐이다. - 겹벚꽃. 인간이 개량한 꽃들은 화려한 꽃잎이 아름답기는 해도 열매를 달 수 없다.

결국 어미도 자식도 아닌 똑같은 개체들의 대량증식인 것이다.

어찌 모양에서만 원형이 뒤틀렸던가. 겨울날의 장미와 봄날의 국화를 어떻게 생각할 수 있었겠는가. 이제 꽃이 피는 계절이 따로 없다. 어찌 꽃뿐이던가. 사시사철 쏟아져 나오는 온갖 과일·채소는 입맛의 계절성을 상실하게 한다.

어쩌면 처음부터 사람들에게 별 관심을 받지 못하게 생겨 먹은 꽃 모양새가 그 존재의 생명성을 보장받게 했는지도 모른다. 생명의 암호가 사람들에 의해 밝혀지고 새로운 암호가 사람들에 의해 만들어지고 이것저것 마구 조합되어 결국 본연의 성질을 잃어버리는 무시무시한 일들이 적어도 신갈나무에게는 일어나지 않는 것이다.

자신을 사랑할 수 있으리라. 신갈나무, 버드나무, 자작나무 모두가 그런 점에서 비통함을 거두어야 한다.

암꽃과 수꽃이 달리 피는 신갈나무는 한 꽃에 암술과 수술이 모두 갖추어진 꽃에 비하면 비효율적으로 보여질 수도 있다. 신갈나무 꽃이 갖추지 못한 것이 어찌 이뿐이더냐. 하지만 이러한 본성은 이 나무가 과거에 매우 번성했던 족속임을 나타내 주는 것일지도 모르겠다. 그만큼 다른 나무에 후보 배우자들이 많이 있었다는 이야기이다.

사람이든 식물이든 가까운 곳에서 후손을 보지 않으려고 한다. 후손을 위한 배려이자 종족의 건전한 번성을 위한 보호조치이다. 무릇 미약한 것이라도 모아지면 힘이 세어지는 법이다. 행여 잘못된 유전자끼리 만나 힘이 세어지면 큰일이 아닐 수 없다. 신갈나무는 많은 무리가

까다로운 습성으로 인해 사람들에게 사랑과 미움을 동시에 받는 식물 중의 대표는 아마 난 종류일 것이다. 사진은 마치 실타래처럼 꽃이 피어 올라 이름 붙여진 타래난초

번성하여 다행히 배우자를 고르는 데 선택의 여지가 많았던 모양이다. 아니, 오히려 가까이서 맺어지는 인연을 멀리했기 때문인지도 모른다. 행여 좋은 혈통을 가진 배우자를 만날 수만 있다면 얼마나 대대로 축복할 일이더냐. 아마 신갈나무는 식물 무리 중에서 자신의 배우자를 고르는 데 있어 제일 까다로운 족속일 것이다.

바람이 제대로 불어와 준다면 다른 나무의 배우자를 만날 확률이 높아진다. 이미 후보자는 충분하다. 배우자 선택에 있어 범위가 좁다는 것은 그만큼 경쟁이 심하고 무리의 수가 적다는 것임을 나타낸다. 신갈나무는 이미 바람에 대한 장치도 해 놓았다. 꽃가루가 날리는 동안에는 잎의 발달도 정지시킨다. 오로지 한 가지 일에만 집중하기 위한 놀라운 투지력이다. 행여 무성히 자란 잎으로 인해 꽃가루가 제대로 날아오르지 못한다면 이처럼 안타까운 일이 또 있을까.

국화꽃의 실체

봄에 피어난 민들레의 노오란 꽃은 하나의 줄기에 오뚝하니 앉아 있다. 하지만 꽃이 지고 난 자리에는 이루 헤아릴 수 없는 수백 개의 종자가 날개를 달고 박혀 있다. 이는 가을날 야생 국화도 마찬가지이다.

민들레나 국화, 해바라기, 코스모스 등은 서로 다른 두 가지 종류의 꽃이 모여 마치 하나의 꽃과 같은 모양을 갖춘 꽃이다. 우선 꽃의 가장자리에 빙 둘러 서 있는 한 장의 꽃잎과 같은 것은 '설상화舌狀花'라고 하는 꽃이다. '혓바닥 모양의 꽃'이라는 뜻인데 우리가 흔히 꽃잎이라 부르는 부분이다. 이 설상화는 꽃부리가 변형되어 마치 꽃잎과 같이 생긴 것으로 나비나 벌을 유인하기 위해 화려하게 변신한 것인데 암술과 수술이 없는 무성화無性花로 변해 있는 경우가 많다.

민들레. 진정한 두상화서는 꽃 속에 온전한 기능을 갖추고 있다.

반면에 가운데 무수히 많이 피어 있는 꽃은 마치 긴 통과 같이 생겨 '통상화筒狀花'라고 하는데 정상적으로 암술과 수술이 있어 씨앗을 만드는 진짜 꽃이다. 결국 우리가 한 송이의 꽃으로만 알고 있었던 해바라기나 코스모스는 두 가지 종류의 꽃이 하나의 꽃대에 무수히 많이 피어난 것이다. 이를 식물학적 용어로 '두상화서頭狀花序'라고 한다.

야생의 국화는 대부분이 설상화와 통상화로 이루어져 있지만 원예품종으로 만들어진 국화는 많은 통상화들이 설상화로 변형되어 있다. 꽃병에 꽂혀 있던 국화꽃이 져도 씨앗이 남지 않았던 이유가 바로 여기에 있다.

바위구절초의 꽃은 전형적인 두상화서이다. - 꽃 색이 매우 아름다운 산수국은 국화꽃을 닮았다. 가장자리의 꽃은 매개자를 유인하기 위해 변형된 무성화들이며 진정한 생식능력이 있는 유성화는 가운데의 별스럽지 못한 꽃들이 담당한다.

식물의 생체시계

 싱그러운 6월을 더욱 화려하게 장식해 주는 것이 장미라면 가을날 강인한 인내의 표상은 단연 국화였다. 그러나 계절 없이 피고 지는 장미는 일 년 내내 사랑하는 연인들의 징검다리 구실을 하며 이른 봄의 사찰에는 하얀 국화가 헌납된다.

 봄이면 진달래가 피고 여름이면 장미가 피고 가을이면 국화가 피는 자연의 순서는 어떻게 매겨지는가. 식물은 어떻게 자기 계절에 맞추어 꽃을 피우는 것일까.

 모든 생물들은 나름대로의 생체시계를 갖추고 있다. 사람은 흔히 기온으로써 봄 여름 가을 겨울을 구분하지만 식물은 좀 다른 방법을 택하고 있다. 바로 밤낮의 길이인 것이다. 이는 특히 생활사가 1년인 초본식물들에게 더욱 중요한 것 같다. 그들에게 여분의 1년은 없으니까 말이다.

 기온은 대기의 상황에 따라 계절과는 별도로 변할 수 있다. 봄의 한가운데서 가을과 같은 날이 있고 겨울의 한가운데서도 따뜻한 날이 있는 것이다. 사계절 기온에 관계없이 생존할 수 있는 사람은 별 문제가 없겠지만 겨울이면 겨울잠에 들어가는 식물로서는 일정하지 않은 기온에 생체시계를 맞춘다면 혼란이 발생할 소지가 많다. 겨울날 일시적으로 기온이 올라 봄인 줄 알고 잎을 피우거나 꽃을 피웠다가는 곧 찬바람에 얼어 죽기 십상이다. 뭔가 더 정교한 시계가 필요하다. 나무는 밤낮의 변화와 계절의 변화를 곧 깨달았다. 경험적으로 나무는 밤낮과 계절의 주기성에 생활주기를 맞추기로 한 것이다.

광주기성

밤낮의 길이는 지구와 태양과의 관계에서 이루어지는 것이므로 태양계가 별다른 이상이 없이 존재하는 한 거의 일정하다. 식물은 바로 이 밤낮의 길이로써 계절을 감지한다. 이를 전문용어로 '광光주기'라고 한다. 광주기란 정확하게 말해 낮과 밤의 상대적인 길이를 의미한다. 식물들은 광주기에 따라 줄기생장, 둘레생장, 꽃피는 시기, 낙엽 지는 시기, 잠자는 시기 등을 결정한다.

식물의 몸속에는 파이토크롬이라는 빛 감지 색소가 들어 있다. 파이토크롬은 식물체 안에서 서로 다른 두 가지 형태로 존재하는데 어떤 파장의 빛을 받느냐에 따라 그 형태가 결정되며 상호 간의 변형에 의해 생리적 반응이 결정된다. 바로 이 파이토크롬이 식물의 생체시계를 작동시키는 장치 중 하나라고 볼 수 있으며 이것에 맞추어 어떻게 정하느냐에 따라 꽃피는 시기가 결정되는 것이다.

개나리, 무궁화, 장미 등은 봄이나 여름철에 꽃을 피우는데 이들이 꽃을 피우기 위해서는 낮의 길이가 밤의 길이보다 길어야 한다. 이들을 '장일성長日性 식물'이라 한다. 반대로 코스모스나 국화같이 가을에 꽃을 피우는 식물은 짧아진 낮 길이가 요구되는데 이들을 '단일성短日性 식물'이라고 한다. 아주 극단적인 예로, 장일성 식물인 콩의 일종인 '비록시'라는 품종은 봄부터 가을까지 일정한 간격으로 심었을 때 생육기간과 발육 정도가 다른데도 불구하고 9월이면 일제히 꽃을 피운다.

따라서 낮의 길이를 인위적으로 조절할 수 있다면 계절에 상관없이 다양한 꽃을 언제라도 구경할 수 있다. 봄에 국화를 피우기 위해서는 온실에 인위적인 차광막을 설치하여 낮 길이를 짧게 해 주면 된다. 그러면 국화는 가을이 온 줄 알고 꽃을 피운다. 한편 가을이나 겨울철에 장미를 얻기 위해서는 인공빛을 쪼여 주어 낮의 길이를 연장하는 효과로써 꽃을 유도할 수 있다. 이때 연속적인 밤의 길이가 중요하다.

더욱 중요한 것은 밤낮의 길이의 조합이 하루 시간인 24의 배수로 이루어질 때만 유효하다는 것이다. 예를 들어 콩이나 도꼬마리의 꽃봉오리는 낮이 8시간 밤이 28시간, 혹은 낮이 8시간 밤이 52시간으로 밤이 아무리 길어도 꽃봉오리를 맺지 않는다. 그러나 낮과 밤의 조합이 (8, 16) (8, 40) (8, 64)시간으로 전체 밤낮의 길이의 합이 24배수일 때는 꽃봉오리가 분화된다. 이는 몸속에 기본 주기인 24시간의 리듬이 존재함을 입증하는 것이다.

근본적으로 초본식물은 생존의 전략을 생식에 의존하여 많은 후손을 만든다. 비록 한 세대의 수명은 짧지만 후손으로써 생명계를 연장한다. 그러나 나무와 같은 목본식물은 고도의 생존력을 갖춘 정예부대를 만듦으로써 한 세대의 수명을 연장하여 자신들의 생명계를 만들어 간다.

가끔 도심의 거리를 밝히는 가로등 때문에 의도하지 않은 결과가 발생하곤 한다. 특히 단일 식물에게 있어 밤늦게까지 켜져 있는 가로등은 말 그대로 고문이다. 도시 외곽 도로변 논의 벼들은 가로등 불빛으로 인해 꽃이 피지 않고 따라서 이삭이 달리지 않아 분쟁이 종종 발생하곤 한다. 이때 전체 논 중에서 가로등 불빛을 받은 부분의 벼들에게서만 이러한 피해가 나타난다고 하니 식물의 생체시계가 얼마나 정교한지 놀라울 따름이다.

과학적인 지식과 기술의 발달로 식물의 꽃 피는 시기를 자유자재로 조절할 수 있다고는 하지만 봄에 국화꽃을 창가에 놓아두는 것은 아무래도 감흥이 없다. 결국 우리 인간도 자연의 일부로서 그 감성이 오랜 세월 동안 자연의 자연스러운 변화에 의해 조절되어 왔기 때문이다.

근친상간을 막아라

꽃의 수술에서 만들어진 꽃가루가 암술머리에 붙는 과정을 '꽃가루받이'라 하고, 암술머리에 앉은 꽃가루가 꽃가루관을 통해 암술의 씨방으로 들어가 알세포와 만나는 현상을 '수정'이라고 한다. 꽃의 가루받이와 수정은 자손을 만드는 아주 중대한 작업이며 식물생존의 원인이라 해도 과언이 아니다. 한 꽃에서 암술과 수술이 만들어지든, 다른 나무에서 암꽃과 수꽃이 각각 만들어지든, 한 나무에서 암꽃과 수꽃이 각각 만들어지든 간에 공통적으로 유념해야 할 사항은 암술과 수술이 때를 같이해서 만들어져야 한다는 점이다.

원칙적으로 식물들은 자신의 꽃가루를 자기가 받는 제꽃가루받이는 하지 않는다. 왜냐하면 한 부모에서 만들어진 수술과 암술에는 똑같은 유전자가 들어 있어 이롭지 않은 유전자들이 결합함으로써 원하지 않는 자손이 나올 확률이 높기 때문이다. 또 한편으로는 외부의 훌륭한 유전자를 받아들일 기회를 놓치는 것이 된다. 만일 옆에 자라는 개체가 병에 강한 유전자를 가지고 있다면 그 유전자를 받아들여 강한 자손을 만들 필요가 있다. 따라서 식물들은 가능한 한 다른 개체의 꽃가루를 받으려고 한다 딴꽃가루받이.

다른 개체들의 유전자를 받아들이는 것은 개체 내의 유전적 다양성을 증가시키는 것이다. 유전적 다양성의 증가는 다양한 환경변화에 대한 적응성을 증가시키고 생존의 확률을 높인다. 반면에 배타적이며 고립된 유전자는 자연변이에 도태되기가 쉽다.

식물이 이런 유전적 다양성을 획득하는 방법은 다른 개체와의 유전적 결합을 시도하는 것이다. 식물이나 동물의 생식세포는 전체 유전자의 반쪽세트로 이루어져 있어 다른 반쪽세트와의 결합을 통해 완전한 유전적 세트를 이룬다. 이 과정이 식물에게 있어 수정이다.

식물은 자신의 꽃가루를 받지 않기 위해서 여러 가지 방법을 사용한다. 우선 자신의 꽃가루를 인식하는 능력이 있어 자신의 꽃가루가 암술머리에 붙으면 수술을 씨방까지 옮겨 주는 꽃가루관의 형성을 억제한다. 물론 식물은 정확하게 자기 동족의 꽃가루만을 인식하는 방법도 알고 있어 다른 종의 꽃가루에게는 어떠한 반응도 하지 않는다.

한편으로 암술과 수술의 형성시기를 달리하는 방법이 있다. 수술이 먼저 자라거나 암술이 먼저 자라 자신의 꽃에 꽃가루받이를 할 수 없도록 시기를 조절하는 방법으로, 봉선화, 칡 등이 이러한 방법을 택한다. 또한 암술과 수술의 위치를 조절함으로써 꽃가루받이를 조절하는 방법이 있다. 개나리는 암술은 길고 수술이 짧은 형과 암술은 짧으나 수술은 긴 형의 두 가지 꽃을 각각의 다른 나무에서 피운다. 원래 가루받이는 긴 수술의 꽃가루가 긴 암술머리에 붙거나 짧은 수술의 꽃가루가 짧은 암술머리에 붙어야만 이루어진다. 따라서 다른 나무의 꽃가루를 받을 수밖에 없다. 그런데 불행히도

얼레지는 꽃잎 속에 매개자를 위한 암호를 새겨 놓았다. 그러나 사정이 좋지 않을 때에는 꽃잎을 닫고 제꽃가루받이를 하여 다음을 기약한다.

우리 주위에 심어진 개나리의 대부분은 수술이 길고 암술이 짧은 형의 개나리를 무성無性 번식시킨 것으로 짧은 수술과 긴 암술을 가진 개나리는 잘 볼 수가 없다. 우리가 개나리의 열매를 잘 볼 수 없는 것이 바로 이런 이유이다.

식물에 따라서는 환경이 불리해지면 자신의 꽃가루를 받도록 이중의 장치를 가진 것도 있다. 큰개별꽃이나 개별꽃은 환경이 불리해지면 꽃잎이 활짝 벌어지지 않은 채 꽃봉오리 속에서 제꽃가루받이를 한다. 이른 봄부터 화려한 꽃을 피우는 얼레지는 봄에는 꽃잎을 활짝 열어 곤충을 맞이하지만 늦은 철에 꽃이 피는 개체는 꽃봉오리를 완전히 열지 않고 제꽃가루받이를 한다. 한편 황무지와 같이 생육조건이 불량한 곳에 사는 잡초나 벼, 보리 등은 자신의 꽃가루로 가루받이를 한다. 일부 야생에서는 제꽃가루받이만을 고집하여 순수혈통을 유지하는 것도 있다. 재배작물에 있어 오랫동안 특별히 육종된 품종의 경우에는 원하는 형질을 유지하기 위해 사람들이 인위적으로 제꽃가루받이를 시킨다.

이중의 수정장치는 일년생 식물들에게 중요한 종족보존의 수단이 된다. 기본적으로 딴꽃가루받이가 유전적 다양성을 확보하고 장기적으로 종족보존을 위한 효과적인 수단이 되지만 특수한 경우에는 제꽃가루받이가 특별한 기여를 한다. 비가 많이 와서 매개 곤충의 활동이 적었다거나 바람이 제때에 불지 않는 등의 이유로 꽃가루받이에 실패할 경우 유전적 흐름이 완전히 끊어질 수도 있으므로 딴꽃가루받이는 위험부담이 큰 방법이다. 이런 경우 자신의 꽃가루를 받아 다음 세대를 만들어 두면 그 다음의 세대는 다시 기회를 노릴 수 있다. 효과적인 안전장치인 셈이다.

전 세계적으로 식물 종수는 적지만 개체수가 대량으로 존재하는 곳에서 사는 식물들은 다른 개체들에게서 꽃가루를 풍부하게 받을 수 있으므로 되도록 자신의 꽃가루를 받지 않는 반면, 열대지역과 같이 종류는 많지만 그 개체수가 많지 않아 꽃가루를 줄 동족을 만나기가 힘이 든 경우는 자신의 꽃가루라도 기꺼이 받아들이는 경우가 많다.

엘레지 군락. 엘레지 종자 표면에는 개미가 좋아하는 당류가 포함되어 있어 개미들을 끌어모은다. 엘레지 군락은 이런 개미들이 종자를 산포시킨 결과이다.

자연잡종이 강한 족속

그렇다고 해서 신갈나무가 완벽한 것은 아니다. 자신의 배우자를 피해 다른 배우자를 만나는 과정에서 혈통이 전혀 다른 배우자를 만나는 일이 종종 있는 것이다. 과하면 넘친다고 했던가. 사람들의 말이란 자연을 잘도 읽어 내고 있다. 그러다 보니 신갈나무 무리는 자연교잡이 잘 일어나 계통의 구분이 불확실한 사생아들이 많다.

신갈나무이면서 졸참을 닮은 나무, 졸참나무이면서 갈참을 닮은 나무, 갈참나무이면서 상수리를 닮은 나무, 상수리이면서 굴참을 닮은 나무 등 낙엽 지는 나무면 낙엽 지는 나무끼리 또한 상록이면 상록인 나무끼리 참나무속屬 나무들은 종의 경계를 드나들면서 많은 자연잡종을 만들어 내었다.

서로 비슷한 분포역을 가지면서 봄에 동시에 꽃을 피우는 참나무들에게 자연교잡은 쉬운 일이라 생각된다. 이런 상호 교잡은 비슷한 기후대의 서로 다른 환경들에 적응한 무수한 집안 종들을 거느릴 수 있는 힘이 되었을 것이다.

그렇다고 신갈나무가 아무 참나무속屬 친척들과 관계를 맺는 것은 아니다. 참나무속 식구들은 열매가 익는 시간에 따라 몇 가지의 파벌을 가진다. 우선 일 년 만에 열매를 성숙시키며 나무 속과 수피가 밝은 색 계열의 부류와 2년에 걸쳐 열매를 성숙시키며 나무 속과 수피가 붉은색을 띠는 부류로 크게 구분된다. 아무리 집안 간의 교배가 자유로운 참나무속 나무들이라 하지만 이런 파벌에 대한 대립은 절대적이다.

　장미나 사과, 배, 국화와 같이 사람들에게 쓰임새가 확실한 녀석들은 사람들이 교잡을 시키지 못해 안달인데 신갈나무는 제 스스로 잡종들을 만들어 낸다.

　사람들은 꽃이 아름답거나 열매가 값진 것들은 좀더 특별하게 만들기 위해 별의별 짓거리를 다한다. 생식능력이 없는 변형꽃이라도 모양이나 색이 특이하게 생겨 먹거나, 씨앗을 품지 않아도 열매가 비대하고 꿀이 넘치면 사람들은 금방 아우성을 친다. 하지만 이들 교잡종들은 자연 속에서는 제대로 살지 못하고 오로지 꽃이나 열매를 담보로 인간들에게 사육되어야만 생명을 보장받으니 어찌 행복하다 할 수 있을까. 하기야 사람 세상도 요즈음은 강인한 생명력을 가진 사람보다 온실에서 귀하고 약하게 자란 화초와 같은 사람을 더욱 선호한다고 하니 사람들의 비상식적 행태가 가히 우스꽝스러울 따름이다.

　자연적인 잡종들이 많은 종은 역설적으로 자연의 변화에 견디는 힘이 강하다. 물론 발전의 방향은 두 가지이다. 못난 것끼리 모여 강세를 이루다가 한 세대에서 막을 내리는 방향과 잘난 놈끼리 만나 더욱 잘난 모습으로 세대를 영위하는 방향이다. 사실 오늘날 지구상에 존재하는 생물들 중에서 우리가 볼 수 없는 것들은 바로 이런 변화를 받아들이지 못해 사라져 갔는지도 모른다.

수꽃의 운명

모든 수꽃이 꽃가루를 날리는 것도 아니고 물론 모든 암꽃이 꽃가루를 받아들이는 것도 아니다. 바람에 꽃가루를 날리는 풍매화라 하지만 신갈나무는 꽃가루가 날아오르는 것에 다소 까다롭기 때문이다. 참나무의 꽃가루는 바람을 타고 모든 방향으로 날아가기보다는 나무 주위의 미세한 온도 차이에 따른 대류의 흐름에 의해 제한적으로 이동하는 경우가 크다. 그래서 소나무에 비해 날아가는 거리가 제한적이다.

    암꽃에 비해 양도 많고 눈에 드러나는 신갈나무의 수꽃은 겨울을 이겨 낸 허기진 짐승의 표적이 쉽게 된다. 특히 낮은 가지에 달린 신갈나무의 수꽃은 다람쥐는 물론이고 산새, 고라니, 곰 등 그야말로 다양한 동물의 먹이가 된다. 비록 화려한 꽃잎은 없을지라도 꽃가루 속에 함유된 단백질과 지방은 도저히 놓칠 수 없는 먹잇감이다. 경우에 따라 신갈나무 수꽃 생산에 따라 짐승들의 짝짓기가 결정되기도 한다. 달리 참나무가 아닌 것이다.

사슴의 뜨뜻한 혀가 수꽃을 죽 훑는 느낌이란. 비록 짐승의 혀로부터 살아남았다 하더라도 꽃가루를 날린 수꽃은 바로 땅으로 떨어져 내린다. 봄의 숲 바닥은 떨어져 내린 수꽃들로 사실상 꽃 천지가 된다. 영양 풍부한 수꽃은 상대적으로 빨리 분해되면서 숲 바닥의 봄을 부추긴다.

따지고 보면 신갈나무의 꽃이 가지는 속성이 예사롭지가 않다. 꽃잎은 나무에게 사치의 극치이다. 화려한 꽃이 피는 무리치고 오래 사는 것이 몇 되지 않는다. 꽃잎이 없다고 해서 종자를 못 만드는 것도 아니다. 어디다 투자의 무게를 실어 주느냐는 나무의 오랜 경험에서 터득된 노하우이리라.

어미가 되는 고통

꽃이 피고 진 자리에는 열매가 달리기 시작한다. 숲은 이제 5월이 무르익고 있다. 꽃이 피고 지면 열매가 달리는 것은 자연의 이치이다. 꽃은 열매에 우선하는 속성이다. 나무로서는 기뻐해야 할 일임에도 불구하고 너무 힘들다는 것을 부정할 수 없다. 몸속에 저장되었던 기운이 다 빠져나가는 느낌을 떨칠 수 없다. 꽃을 피우기까지 오랜 시간이 걸린 이유를 나무는 깨달을 수 있다. 결혼해서 아이를 낳아야 부모의 마음을

암꽃이 있던 줄기 끝의 잎 사이로 자랑스러운 열매가 품어져 있다.

안다고 했다. 이제 겨우 꽃을 피우고 열매를 맺기 시작했는데 이렇게 힘이 들 줄이야. 이제까지 살아온 내력이 모두 한 가지를 위한 것이었다는 생각이 든다.

그 역시 어미로부터 그렇게 생겨난 것이라는 것을 나무는 비로소 알게 된다. 그의 어미는 힘들다고 해서 자식의 몸에 넣을 양식을 소홀히 하지 않았다. 그 결과로 지금 또 다른 은혜를 시작하려는 순간임을 안다. 자식이 앞으로 살림을 차리는 데 필요한 기본 양식을 준비해 주는 것이 얼마나 버거운 일인가. 그나마 무사히 독립해서 성장하면 보람이나 있으련만……. 싹이 나서 정착하고 나무로 자라는 것이 얼마나 힘들고 기약 없는 일이던가.

열매는 무수한 조각들 속에서 조금씩 자란다. 열매를 품은 꽃은 부리를 변형시켜 열매를 총총히 감싼다. 마치 또 다른 꽃과 같이 화려하다. 그 속에서 5월 바람이 실어다 준 꽃가루가 암꽃에서 결실을 이루어 서서히 자라는 것이다. 꽃이 피는 데는 불과 수일에 지나지 않지만 그 결과 맺어진 열매는 긴 시간을 자라면서 여물어 간다. 열매를 싸고 있던 무수한 조각들은 서로 붙으면서 딱딱해지고, 열매가 익을 때쯤이면 단단한 모자와 같이 열매를 감싼다. 그나마 신갈나무는 성질이 급한 편에 속한다. 상수리나무는 같은 족속임에도 불구하고 다음 해 10월에나 열매가 익는다. 2년이 걸리는 것이다. 하지만 신갈나무는 그해 9월이면 열매를 거의 다 성숙시키고 독립의 세계로 내보낸다.

신갈나무는 생명의 고갱이인 어린싹이 먹을 양분을 종자 가득히 채워 준다. 비록 그 하나하나는 보잘것없는 양이지만 나무 전체에 달리는 많은 열매를 생각해 보면 부모로서는 벅찬 일임을 알아야 한다. 잣이나 호두처럼 기름지고 영양가 많은 양식은 아닐지라도 어미는 모두에게 빈틈없이 채워 넣었다. 나무는 열매가 멀리 여행을 해야 하며 또한 빛도 약한 가을에 어린싹이 깨어나야 하는 운명임을 잘 알고 있다. 그래서 될 수 있는 대로 많은 양을 챙겨 보낸다.

열매의 안쪽으로는 안감을 입혔다. 그것은 속이 쉽게 마르지 않고 잘 보존되게 하기 위해 만들어 낸 장치이다. 씨앗이나 다름없는 열매가 마르는 것은 여태까지의 수고가 헛수고로 끝남을 의미한다. 다음으로는 딱딱한 갑옷을 입혔다. 차가운 바람도 차가운 물기도 잘 스며들지 않도록 밀랍이 된 단단한 껍질을 입혀 놓았다. 열매 속의 영양분은 어린싹이 먹어야 하는 것임에도 불구하고 노리는 적들이 많다. 그러니 단단히 무장을 해 줄 수밖에.

무엇보다 나무는 열매의 속을 맛이 없고 소화가 잘 되지 않는 물질로 반죽하는 것을 잊으면 안 된다. 세상에는 동지보다 적이 많다. 그리고 나무는 늘 적에게 노출되어 있다. 아마 열매는 적에게 가장 좋은 먹잇감이 될 것이다. 먹힐 때 먹히더라도 그냥 먹힐 수는 없다. 나무는 고육지책으로 고약한 물질을 열매 속에 반죽해 두었다. 그것은 맛도 떫을 뿐만 아니라 소화도 대단히 어려운 물질이기 때문에 먹자고 덤비는 놈이 골탕을 먹기에 충분한 것이다.

만일 나무가 씀씀이가 헤퍼서 열매 속을 사치스러운 양분으로 채워 주는 습성을 키웠더라면 어떻게 되었을까. 달고 기름진, 꿀과 향이 흐르는, 과육이 넘치는 열매를 만들었다면 그의 운명은 어떻게 달라져 왔을까. 아마 그 역시 온전한 모습으로 자손만대 당당하지 못했을지도 모른다. 먹거리를 찾는 일에 혈안이 되어 버린 사람들이 오래전에 그를 발견하고는 아마 새로운 모습으로 변화시켜 놓았을지도 모른다. 그 떫은맛으로도 사람들은 도토리를 찾으니 말이다.

아마 열매를 쉽게 딸 수 있게 키도 작아지고 잎도 작아졌을 것이다. 또 모든 힘을 열매를 만드는 데만 소비하도록 해 병에 대한 저항력을 키우거나 만일에 대비해 비축하는 일은 불가능했을지도 모른다. 그 결과 약간의 공격에도 쉽게 쓰러져 오늘날 숲에서 주인이 되는 영광은 아예 과거의 추억으로 사라져 버렸을지도 모른다.

대신에 동기간에 경쟁하는 일도 없이 잘 가꾸어진 장소에서 자식인 열매를 볼모로 목숨을 부지하고 있었을 테다. 이미 많은 족속들이 사람들에게 조절당하고 종국에는 버려졌다. 어느 놈은 사람들에게 완전히 순화되어 야생의 습성을 잃어버리기도 했다.

야생의 강인함

신갈나무는 식물이 사람들의 필요에 의해 재배되었다가 쓰임새가 사라짐과 동시에 세계의 무대에서 사라진 예를 많이 알고 있다.

전 세계적으로 재배되는 작물의 종류는 현존하는 생물 종수에 비해 손가락으로 헤아릴 정도로 적다. 이들의 대부분은 야생에 그 기원을 두고 있지만 인간에 의해 고도로 개량되어 현재로서는 야생의 흔적을 거의 찾아볼 수가 없다.

인간의 관점에서 볼 때 가장 이상적인 작물은 열매가 크고 충실한 종자만을 대량으로 생산해 내는 것이다. 물론 여기에 투입되는 비료나 인력 등의 에너지는 계산하지 않는 경우가 종종 있다. 그러다 보니 개량된 작물들은 대부분 야생에 비해 키가 작고 필요 이상의 잎은 만들지 않으며 오로지 많은 수의 큰 이삭을 만들어 낸다. 사람들은 작물들이 낟알 생산에만 전념할 수 있도록 비료를 뿌려 주고 병충해 방지를 위한 농약을 끊임없이 살포한다.

그럼에도 불구하고 단일품종 위주의 재배형태는 갑작스러운 환경변화나 병, 해충 등에 꼼짝없이 당하며 이는 결국 인간의 식량안보와 직결된다. 단일품종 재배형태는 그 유전적 취약점으로 인해 대단히 위험한 재배방식이다. 즉 인위적으로 길러진 작물들은 유전적으로 동일한 형질을 갖는 것들로, 하나의 병이나 해충에 의하여 대규모로 공격당할 위험성이 있는 것이다. 식물들은 자신들의 꽃가루받이를 억제하며 애써 다른 꽃가루받이를 통해 유전적 다양성을 증진시켜 왔는데 사람들은 아주 짧은 시간 동안에 이러한 생태를 뒤집어 극단적으로 단순하게 길들인 셈이다.

근본적으로 인간에 의해 길들여지고 재배되는 교배종들은 자신들의 생활방식을 인간에 의해 조절당하기 때문에 자연적인 변화에 대처할 힘을 잃어버리기가 쉽다. 식물들은 자연적으로 자신에게 해를 주는 곤충을 위해 여분의 식량을 만든다. 또한 병이나 위협요인으로부터 자신을 보호하기 위해 예비군을 만들며 대항물질을 만들어 낸다. 그래서 야생의 벼나 작물 종류는 비록 이삭의 수가 적고 크기가 그다지 크지 않더라도 별탈 없이 오래 견디어 낸다. 하지만 인간에 의해 개량되는 작물들은 생존을 위한 최소한의 에너지만 이용하고 나머지 대부분의 에너지는 오로지 인간이 요구하는 낟알이나 기타 식량형태의 물질로 만들어 낸다. 즉 대항물질이 식량물질로 전환되는 것이다. 결국 재배종은 자신을 지키는 힘을 잃어버리게 된다.

결국 과학자들은 매번 새로운 신품종을 개발하지만 몇 세대 가지 못해 새로운 질병과 해충이 출현한다. 그때마다 과학자들은 자연 그 자체에서 야생의 천적들과 싸워 가며 살아가는 야생의 식물종을 찾아내는데 이들이야말로 자연상태에서 모든 위험을 극복해 낸 유전적 저항력을 가지고 있다. 현재 세계는 이러한 야생종의 유전자 확보에 심혈을 기울이고 있다.

일찍이 러시아의 유전학자이며 재배식물 연구가였던 바빌로프 Vavilov가 이끄는 레닌그라드의 바빌로프연구소는 전 세계의 식물과 종자들을 유전상의 원산지로부터 수집하여 소장하였다. 제2차 세계대전 당시 나치군에 점령당하여 도시 대부분의 사람들이 굶어 죽었을 때, 이 연구소의 과학자들도 인류의 미래를 위하여 산더미같이 쌓아 놓은 식량 포대 옆에서 그냥 굶어 죽었다. 세계적으로 매년 바빌로프의 공적을 기리는 기념사업들이 이루어지는 것은 미래를 바라보는 과학자에 대한 당연한 예우이다.

도토리라는 열매의 의도

사실 도토리는 신갈나무의 모든 의도가 들어 있는 결정체이다. 생물은 자손을 생산하기 위해 살아간다고 했다. 우선 도토리의 색이 우연이 아닌 특정한 의도를 가진다. 도토리는 처음 만들어질 때부터 완전히 익기 전까지는 초록색이다. 눈여겨보지 않으면 초록 잎에 묻혀 버린다. 붉은 과육을 만드는 열매를 생각해 보면 그 차이를 알 수 있다. 늦은 가을 도토리는 갈색으로 익어 비로소 색 변화가 이루어진다. 그러나 이때는 잎마저 갈색으로 변해 있다.

사람들은 도토리를 먹고 다람쥐는 사람들이 남기고 간 밥을 먹는다.

다음으로 딱딱한 열매는 그 자리에서 깨물어 먹을 수 없다. 무엇보다 열매 속의 녹말은 당장에 부담스럽고 맛도 없다. 그러나 오랜 시간 저장 가능한 물질이다. 가을 늦게 짐승들에게 필요한 덕목은 겨울 준비다. 딱딱하고 큰 녹말 덩어리, 그야말로 저장 식품으로 최고가 아닐 수 없다. 그러다 보니 도토리를 먹이로 삼는 짐승들은 숲 바깥보다 숲 안쪽에서 살아가는 짐승들이다. 아마 자신만의 먹이 저장창고를 만들기 위해 다람쥐는 도토리를 숲 길가 쪽보다는 숲 깊은 안쪽을 뒤질 것이다. 이미 많은 나무들이 들어차 있고 적당한 낙엽층이 있는 곳, 혹은 이미 죽은 고목이 있는 곳. 이런 곳에 다람쥐는 자신의 창고를 만들기 원할 것이다. 결국 신갈나무는 이미 숲이 만들어진 곳에서 싹이 날 확률이 높은 것이다. 열매 속의 든든한 양분은 다람쥐의 위장에선 든든한 먹이가 되겠지만 나무 스스로에게는 치열한 숲에서 어린 시절을 시작하기 위해서 꼭 필요한 덕목이다.

신갈나무는 새삼 자신의 열매 시절을 생각해 본다. 미처 다람쥐나 곰의 저장고에 들지 못하고 바람에 의해 아찔하게 굴러떨어졌던 과거를. 나무는 그것이 자신의 운명인 줄 알았는데, 그것은 참으로 불확실한 사건이었다.

첫 수확치고 만족스러운 결과를 얻은 것 같다. 우선 봄에 비가 적게 오고 바람이 적당히 불어 주어 많은 배우자를 접할 수 있었다. 그동안 잎들이 다행히 많은 양의 식량을 비축해 두었다. 많은 자식을 품은 신갈나무는 비록 곳간의 양식이 축나서 힘들면서도 스스로가 대견스럽다.

꽃을 피우고 열매를 맺는 것이 나무의 주기적인 삶의 일부가 되었다. 나무는 매번 자신이 부모에게 물려받았던 만큼은 꼭 자식들에게 대물려 준다. 결코 작은 것이라도 소홀히 하지 않는다. 그러나 해마다 이런 일을 치른다는 것은 너무 버겁다. 한 해에 제대로 된 자식들을 품어 내면 다음 해에는 거의 예외 없이 몸살을 앓는다. 제대로 여물지도 못하고 겨우 몇 개의 열매만을 품을 수 있을 뿐이다. 이른바 '해걸이'를 하는 것이다.

그나마 신갈나무는 회복하는 힘이 강하다. 어떤 나무는 수년씩 몸살을 앓는다. 자작나무의 경우는 아주 심한 몸살을 앓는데 열매의 과다한 소비로 인해 다음 해에는 꽃조차 만들지 못한다. 울릉도의 너도밤나무는 7년마다 몸살을 앓는다. 나무는 그래서 두 가지 서로 다른 자식을 거느리게 되었는지도 모른다. 멀리 떨어져 새로운 세대를 일굴 열매를 맺는 것이 그 하나요, 부모의 몸에 붙어 공동의 세대를 부양하는, 눈에서 만들어지는 가지가 다른 하나이다. 부모의 몸에 붙어 자라는 자식들은 바로 열매로 자랄 새로운 자식들을 키워 내는 또 다른 부모가 된다.

새로운 눈을 만들어 가지로 부양하는 것은 결국 나무의 생산자를 많이 만들어 내는 것이므로 옛날 사람들이 자식을 많이 낳아 노동력을 확보했던 것이나 마찬가지이다.

여섯, 적과의 동침

신갈나무의 수액을 빨아 먹는 장수하늘소

끊임없는 도전

경계하라. 적을 경계하라. 나무가 살아가는 데 참으로 이겨 내야 할 적들이 많다. 해해년년 그냥 지나간 적이 없다. 신갈나무가 공격적이고 투쟁적인 존재가 되어 버린 지는 이미 오래다. 빛을 차지하기 위해 우악스럽게 가지를 밀어 올리고 주위의 것을 사정없이 덮어 버렸다. 뿌리는 땅을 뚫으면서 다른 놈의 뿌리를 그냥 뭉개 버리거나 감아 버렸다. 그 힘에 동료들은 이미 명을 달리한 것도 몇 있으며 멀리서 겨우 비틀린 채로 자라는 것도 있다. 이전에 살고 있던 소나무도 이미 초라해져 언제 쓰러질지도 모르겠다. 언제부터인가 나무는 무시무시한 공격자가 되어 있었다.

그렇다고 일대를 모두 신갈나무가 장악한 것은

무엇인가를 피해 꼬부라진 어린 신갈나무의 뿌리. 신갈나무의 뿌리는 어떠한 난관도 이겨 내는 무서운 본능을 지녔다.

신갈나무에게 살아남기란 투쟁이다. 다른 생명의 뿌리도 과감하게 뚫고 지나가야 한다. 사진은 쪽동백나무를 위협하는 신갈나무

아니다. 신갈나무만큼이나 다른 나무들도 공격적이고 투쟁적이기는 마찬가지이다. 물이 우세한 계곡 근처나 습한 곳에서는 신갈나무도 어쩔 도리가 없다. 신갈나무의 치밀한 습성은 환경의 변화에 그리 민감한 편이 못된다. 신갈나무 잎의 가동효율은 나름의 환경에 적응되어 있어 일시에 물이 많아지거나 빛이 많아진다고 해서 급작스러운 가동률 상승을 불러오지는 않는다. 원료를 조제하는 과정에 필요한 첨가물들이 그리 넉넉하게 비축되어 있는 것도 아니고 빨리 보충할 만한 여력도 없다. 이런 기민성을 갖추지 못한 대신 신갈나무는 긴 생명력을 가질 수 있었기에 만족한다.

그늘에서 견디는 힘

풍부하다고 해서 다 좋은 것은 아니다. 때로는 과한 빛에 몸살을 앓는 경우도 있다. 도심의 전나무는 아무런 경쟁상대 없이 양껏 빛을 받으며 자라고 있으나 어딘지 불쌍해 보인다. 비록 이파리들은 달려 있으나 윤기가 없고 가지도 축 늘어져 보인다. 도로 옆에서는 잔뜩 흰 먼지를 이고 있다. 일부 잎은 누렇게 말라가는 곳도 있고 나무껍질도 거칠거칠하다.

이것은 비단 보기에만 그런 것이 아니다. 실제 도심의 전나무는 괴롭다. 나무는 자라 온 습성에 따라 햇빛에 대한 반응이 다르다. 자연적인 숲은 여러 층의 나무들로 인해 햇빛이 충분하지 못해서 나무들은 나름대로 적은 빛에서도 살아갈 수 있도록 적응되어 있다. 이것을 전문용어로 '내음성耐陰性'이라 한다. 즉 그늘에서 견디는 정도를 나타내는 말이다.

소나무는 일반적으로 빛을 매우 좋아한다. 그래서 소나무는 대표적인 양수陽樹이다. 반면에 참나무는 그늘에서도 잘 자라 음수陰樹라고 한다. 버드나무, 자작나무, 포플러, 무궁화, 밤나무, 버즘나무플라타너스, 향나무, 측백나무 등도 빛을 좋아하는 양수들이다. 반대로 주목, 회양목, 단풍나무, 마로니에, 함박꽃나무 등은 비교적 그늘이나 다른 나무 아래서도 잘 견딘다. 전체적으로 숲은 이들 양수와 음수들이 서로 얽혀 있으며 따라서 나뭇잎들은 최대한 빛을 받아들이기 위해 한치의 빈 틈도 주지 않는다. 숲 속에서 하늘을 올려다보면 잎들이 가까이서 포개지지 않고 하늘을 완전히 가린 것을 확인할 수 있다.

전나무는 특히 그늘을 선호한다. 흔히 오래된 사찰 주위에는 전나무가 울창한 것을 알 수 있는데 오대산 월정사 입구의 전나무 숲은 아마 백미일 것이다. 사찰과 전나무의 관계는 바로 전나무의 생태적 습성에 기인한 것 같다. 전나무는 내음성 수종이라 그늘진 심산深山의 토질이 좋은 곳을 선호하는데 대개 이런 곳에 사찰이 들어서다 보니 이 둘의 인연이 깊어졌을 것이다. 이러한 내음성의 정도는 대개 어린나무들에게서 잘 적용된다. 나무들이 성장하면서는 이러한 성질이 차차 없어지기도 한다.

내음성이 반드시 그늘을 더 좋아한다는 것은 아니지만 대체로 오랜 기간 동안 형성된 생태적 성질이기 때문에 나무에 따라서는 과도한 빛이나 너무 적은 빛에서는 잘 자라지 못하는 경우가 종종 있다.

내음성 수종들은 적은 빛에서도 지속적으로 광합성을 할 수 있도록 적응하여 왔다. 이들의 광합성 속도는

아파트 주변에서 죽지 못해 살아가는 전나무

오대산 월정사 입구의
우람한 전나무 길

충분한 빛을 받으며 광합성을 하는 양수들에 비해 느리다. 탄소를 이용하여 동화물질을 만드는 데는 원료가 되는 물과 탄소도 중요하지만 각각의 과정들을 촉진하고 조절하는 대사물질들과 효소들도 필요하다. 하지만 음수들은 대사물질이나 효소들의 생산속도와 전달속도가 비교적 느리다. 속도가 빠르다는 것은 그만큼 에너지가 많이 드는 작업이니 비교적 풍부하지 못한 빛 환경에서 사는 음수들에게는 무리가 있을 법하다. 결국 내음성 수종들은 빛이 갑자기 많아졌다고 해도 별로 반갑지 않을 수도 있는 것이다.

전나무의 경우는 다 자라서도 적은 빛 환경에 적응되어 있는데, 도심과 같이 햇빛이 그대로 내리쬐고 또한 각종 공해로 인해 기온이 높으면 나무는 과도한 호흡이 발생하여 공급할 수 있는 것 이상의 에너지가 요구된다. 결국 생산과 소비의 균형이 무너져 나무는 부도를 내고 마는 것이다.

나무들에게는 같이 살아가는 데 별 어려움이 없도록 은연중에 협의가 이루어져 있다. 물기 많고 습한 곳에는 그 나름의 임자가 있다. 아마 물푸레나무쯤이 임자에 해당할 것이다. 어린 신갈나무들도 많은 희생을 치렀을 것이다. 물푸레나무 역시 신갈나무와 마찬가지로 숲의 전사인 것이다. 또 있다. 사람들에게서 용케 위기를 모면한 음나무도 곳곳에서 주인 자리를 차지하고 있다. 굵고 오래된 줄기에는 이제 가시도 뭉개져 있다. 피나무, 들메나무 모두가 얼마간의 승리를 거둔 나무들이다. 그들 모두는 어느 정도 경쟁하는 나무들을 물리치고 나름대로의 지위를 가진 상태이다. 그러나 어느 지역을 점령했다고 해서 모든 고통이 사라진 것은 아니다. 높은 권좌에 앉아 있다고 해서 모든 것이 자유로울 수는 없다. 그들에게는 아직도 무수한 적들이 사방에 존재한다.

곤충의 공격

어쩌면 공간을 차지하기 위해 식물들끼리 치고받는 싸움은 비교적 공정한 싸움인지도 모른다. 살을 파고드는 곤충이나 나무를 갉아 먹는 쥐란 놈이나 순을 먹어 치우는 동물들에게는 일방적으로 얻어맞는 싸움이다. 대항할 수 있는 방법이란 고작 버티어 내는 것뿐. 적에 대항해서 치고받거나 급한 대로 도망이라도 갈 수 있다면 다행이겠지만 그렇지도 못한 처지여서 그저 앉아서 당하기가 일쑤인, 처음부터 불공정한 싸움이 존재하는 것이다.

먼저 사시사철 몸을 갉아 먹는 무리들이 있다. 세상의 생물들 중에서 가장 많은 종수를 가지고 있는 곤충의 무리가 바로 그들이다. 곤충들은 신갈나무, 물푸레나무 할 것 없이 닥치는 대로 갉아 먹는 공통

1 움직이지 못하는 나무는 짐승의 공격에 그대로 당할 수밖에 없다. 덩치가 큰 짐승은 아예 줄기를 무자비하게 벗겨 내 상처를 주기도 한다.
2 동물의 공격에 상처를 받으면 나무는 적극적으로 조직을 보호하고 치유하기 위해 비대 조직을 만든다.
3 곤충은 신갈나무의 줄기에 산란하고 곤충의 애벌레를 노리는 짐승은 아예 줄기를 벗겨 내 사냥한다.

해 질 녘이나 새벽녘에 주로 나와 신갈나무를 비롯한 식물의 어린싹을 갉아 먹는 땅강아지. 예전에는 흔한 곤충이었으나 농약 때문에 이제는 보기 드문 곤충이 되어 버렸다. ⓒ 농업과학원 잠사곤충연구소 이영보 연구사

의 적이다. 물론 곤충 무리 내에서도 먹고 먹히는 관계는 존재한다. 하지만 대부분의 무리가 식물을 그 먹이원으로 하는 곤충들이다.

땅강아지란 놈은 흙 속을 뚫고 돌아다니면서 어린 신갈나무의 뿌리를 귀신같이 갉아 먹는다. 그것도 부족하여 밤이면 땅으로 기어 올라와 어린나무의 목을 자르거나 순을 먹어 치운다.

봄이면 연하고 무른 잎에 불긋불긋한 혹들이 솟아난다. 언뜻 보면 나무의 붉은 꽃이나 열매로 보일 수 있다. 아마 신갈나무의 꽃을 모르는 이는 신갈나무의 꽃이라 할 수도 있겠다. 아예 이 혹의 주인 이름도 참나무잎붉은혹벌이나 참나무꽃혹벌로 불린다. 혹의 모양들도 가지가지이다. 가지 끝 꽃눈 자리에 생긴 혹, 이파리 위에 구슬처럼 생긴 혹, 잎 표면이 불거진 혹, 이파리가 둘둘 말린 혹, 가지 끝에 도토리 무더기처럼 생긴 혹 등등.

도무지 이 혹들은 떨쳐 낼 수가 없다. 혹 속의 애벌레는 부화하면서 특수한 화학물질을 분비하여 기주식물이 혹 조직을 형성하도록 유도한다. 혹 자체가 그리 피해를 주는 것은 아니다. 혹 속의 애벌레가 성공적으로 자랄 확률 역시 낮다. 나무는 그런 혹을 제거해 주는 자연의 순리를 이해하고 있다. 기생벌은 정확하게 혹벌애벌레의 몸에 산란

때죽나무의 벌레혹 – 신갈나무 잎이나 줄기에 생긴 벌레혹. 오랜 세월 나무를 터전으로 살아온 이들은 마치 나무의 꽃과 같다.

벌레혹은 곤충의 종류에 따라 다양한 식물에 다양한 형태로 형성된다. 때로 벌레혹은 너무 정교하고 아름다워 식물의 일부로 오해 받기도 한다.

하여 애벌레를 제거해 준다. 때로 혹 속의 애벌레가 새나 거미의 먹이가 되기도 하고 혹 조직 자체가 먹이가 되기도 한다. 신갈나무가 혹을 참아 낼 수 있는 이유 중 하나이다.

어쩌다가 나무의 몸에 상처가 나서 이를 치유하기 위한 수액이라도 흘러나오는 날이면 벌떼들의 향연이 벌어진다. 수액은 상처가 아니라 가지가 갈라진 틈에서도 자연스럽게 흘러나온다. 수액 속에는 나무가 필요로 하는 영양분이 포함되어 있다. 나무가 성장하면서 가지의 무게가 늘어나면 상처는 더욱 커진다. 이른 아침 수액은 목적지에 다다르기 전에 상처를 통해 그냥 흘러내리고 만다. 여름날의 수액 잔치는 특히 먹이가 부족한 곤충들에게 더없는 포식의 기회가 된다. 곤충들이 먹는 수액이야 어차피 바깥으로 흘러나오는 것이지만 정작 위험은 곤충의 몸에 붙어 온 곰팡이포자나 병원성 미생물들이다. 이쯤이면 신갈나무가 당하는 고통을 이해할 수 있다. 공교롭게도 나무는 무사히 성장해서 꽃을 피우고 열매를 맺고 세력을 잡아 갈 즈음하여 숲의 다른 생물들에게 주목을 끌게 되고 이때부터 나무는 외부로부터 집중적인 공격을 받게 된다. 우리나라에서 참나무류에 살면서 참나무 잎을 먹는 곤충 수는 대벌레, 딱정벌레를 비롯해 37종이나 된다.

신갈나무가 길러 낸 벌레는 나비가 되고 나비는 꽃들의 사랑을

도토리거위벌레는 도토리 속에 산란하고 애벌레가 지상에서 겨울을 날 수 있도록 가지를 잘라 바닥으로 떨어뜨린다. 도토리거위벌레가 자른 가지 부위는 아주 정교하다.

전해 준다. 하지만 신갈나무는 이런 자선에 흥미가 없다. 단지 벌레는 자신을 갉아 먹는 해로운 존재일 뿐이다.

아예 어떤 놈은 이미 꽃가루가 수정할 때 산란하는 놈도 있다. 도토리거위벌레는 도토리 속에 산란관을 꽂고 알을 낳는다. 알에서 깨어난 애벌레는 도토리 속의 떡잎을 제 먹이로 삼고 자란다. 어미는 자신의 새끼가 안전한 낙엽 속에서 겨울을 보내도록 하기 위해 도토리가 달린 가지를 잘라 내는 작업을 한다.

나무의 굵기가 굵어지면 몸집이 큰 적들이 둥지를 튼다. 사슴벌레는 신갈나무의 갈라진 수피 틈을 파고 들어 알을 낳는다. 몸집이 큰 사슴벌레애벌레는 신갈나무의 속을 갉아 먹으며 아래쪽으로 파 내려간다.

해마다 몸의 일부는 그 무지한 놈들에게 자선해야만 했다. 베풀고 사는 생이 아름답다고 했던가. 누가 그런 말을 하는가. 나무에게 잉여란 얼마나 힘겨운 투쟁의 산물이던가. 남의 일에 그리 쉽게 말해서는 안 된다. 남의 재산이라 너무 쉽게 말하는 경향이 낳은 위선이다. 그저 남의 일이니까 쉬운 말로 생태계 부양능력이라고 하는가. 먹고사는 곤충이 건강해야 새들이 건강하고 그래야 생태계가 건전하게 유지된다고 하던가. 나비가 날아드는 모습을 아름답다고 말하는 무리는 또 누구인가. 한 마리의 나비가 있기까지 얼마나 많은 식물이 먹히고 또 한 얼마나 많은 식물이 공포에 떨었던가. 차라리 건전한 생태계란 무수한 희생으로 이루어진다고 정확하게만 말해 주어도 나무에게는 위안이 될 것이다.

    도대체 자기 의지에 따라 베풀고 사는 무리가 얼마나 있던가. 남의 말 하기 좋아하는 사람들이란 그 속이 얼마나 치졸하던가. 아홉 가진 놈이 나머지 하나마저 차지하려는 주제에 생태계 부양능력이라고? 왜 그 좋은 일들이 어찌 말 못하고 부지런한 나무들에게만 있어야 하는가 말이다.

    정의란 약자의 변명이라고 했다. 어차피 곤충이란 놈들과 함께해야 할 운명이라면 좋은 말로 위안이나 삼자. 하지만 뭔가 대비는 해야 할 것이 아닌가. 아름다운 힘의 균형이 이루어지는 그 속도 들여다보면 참으로 억장이 무너지는 투쟁의 결과가 아닌가. 힘의 균형을 이루기 위한 나름의 방편을 준비하자.

궁여지책

신갈나무는 언제나 절약하는 습관이 몸에 배어 있다. 아주 지독한 모르핀이나 카페인, 아니 니코틴이라도 만들어 적들을 한 방에 날리고 싶지만 그러자니 비용이 너무 든다. 만약에 적들이 공격을 게을리한다면 애써 만든 독약들이 너무 아까울 거라는 생각도 든다. 무엇보다 그토록 많은 적들을 상대하기 위해서는 특수한 작전보다는 보편적인 작전이 유리하다. 그럼 먹어도 먹어도 줄지 않도록 양이나 많이 만들어 볼까. 탄수화물로 뭔가를 만드는 일이라면 자신 있다.

신갈나무의 어린잎은 광합성을 하여 여러 가지 물질들을 합성한다. 마치 신기한 마법사와 같이 공기 중의 이산화탄소와 땅속의 물과 하늘의 햇빛을 잎 속에 가두어 맛있는 요리들을 만들어 내는 것이다. 유기산 및 아미노산, 당류, 전분, 지방, 단백질과 같이 참으로 놀라운 물질들이 만들어지는데 이러한 물질들은 일차적으로 잎의 조직 속에 저장된다.

잎이 어느 정도 성장하면 잎은 이제 색다른 물질들을 만들어 낸다. 이제까지는 성장에 일차적으로 필요한 영양분을 만들기 위해 앞만 보고 달려 왔지만 이제부터는 생산한 것을 적당한 곳에 배분해야 한다. 일부는 이미 잎을 성장시키는 데 이용되었다. 일부는 뿌리를 만들

몸집이 작은 곤충의 애벌레가 먹어 치우는 잎의 양은 때로 가공할 만하다. 잎이 제거된 나무는 생산활동을 할 수 없어 심각한 영양장애를 겪는다.

고 일부는 줄기를 살찌웠다. 일부는 — 아주 중요한 일인데 — 꽃을 피우고 열매를 만드는 데 이용하여야 한다. 내년에 자랄 눈도 아울러 함께 만들어야 한다. 마지막으로 나무는 자신을 지키기 위한 대비를 한다. 그렇지 않으면 이제까지의 노력이 허사가 될 가능성이 높다. 숲 속에는 계절이 익어감에 따라 무법자들이 늘어난다.

신갈나무는 이제까지의 물질들을 이용하여 알칼로이드류나 타닌류, 색소, 생장조절물질 등과 같은 2차 대사물질들로 변형시키기 시작한다. 실질적으로 2차 대사물질들의 일차적인 기능은 동물이나 미생물들로부터 자신을 방어하는 것이다. 이들 물질들은 초기 생산물질들에 비해 소화율도 낮을 뿐만 아니라 맛도 별로 없으며 독성분을 가지고 있는 것들이 많다. 한편으로 리그닌, 셀룰로오스와 같은 딱딱한 건축물들로 잎이 두터워지고 조직도 질겨진다.

사람들은 어리고 연한 것을 먹기 좋아한다. 봄에 피어나는 어리고 연한 순들은 대부분 생으로 혹은 살짝 데치기만 하여도 먹을 수 있다. 어리고 연한 것은 맛도 좋을 뿐만 아니라 소화흡수율도 높다. 이는 곤충들에게도 마찬가지이다. 곤충들 가운데 나뭇잎을 갉아 먹는 식엽성 곤충들도 봄의 어린잎은 좋아하지만 완전히 성숙한 잎은 먹기에 부담스럽다. 따라서 곤충들은 어린잎이 나는 시기에 집중적으로 잎을 갉아 먹으며 잎이 성숙되어 딱딱해지기 시작하면 다른 곳으로 집단 이주를 하기도 한다.

그 보드랍고 아름답던 어린잎은 이제 숲에서 제일 험상궂고 무시무시한 모양으로 바뀐다. 여름의 거친 잎은 곤충들이 꺼리는 식사가 된다. 달고 맛나던 아미노산이나 당류 대신 매우 쓰고 떫은맛을 내는 타닌 성분의 물질들이 대량으로 만들어졌다. 타닌은 맛도 고약할 뿐만 아니라 곤충의 소화기 내에서 단백질이 소화되는 것을 방해한다. 벌레도 이쯤이면 나무의 마음을 헤아릴 줄 알아야 한다. 좋은 시절은 지난 것이다. 따라서 딱정벌레는 6월이면 새로운 보금자리를 찾아 집단적으로 떠나가는 것이다.

한편 신갈나무는 여분의 잎을 만들기로 한다. 아주 은근히 지속적으로 말이다. 막말로, 죽느냐 남느냐 두 길에서, 죽어도 그만이요 남으면 말 그대로 남는 장사다. 잎이란 절대적인 생산공장이니 말이다. 다섯에 하나는 아예 먹힐 각오로 만들어 낸 여분의 잎이다.

소나무나 참나무류 등 대부분 오래 사는 나무들이 주로 이 방법을 택한다. 자신이 살아가는 데 필요 이상으로 많은 잎을 생산하는데 대략 전체 잎의 20퍼센트 정도가 적에게 먹힐 각오로 만들어진 것이다. 공통적으로 이 잎들은 생산되는 기간이 길며 맛도 별로 없는 것들이다. 주로 탄소를 많이 이용한 셀룰로오스나 리그닌이 조직의 주를 이룬다. 조직을 만드는 비용이 싼 것이다.

독물질에 의한 방어

지독한 놈들은 훨씬 적극적인 방어를 한다. 무서운 독물질을 만들어 적에게 적극적으로 대항하는 것이다. 그렇다고 해서 미사일이나 원자폭탄과 같이 불특정 대상을 대량 살상하는 무자비한 무기는 아니다. 적어도 자신을 직접적으로 해치는 놈만이라도 당하도록 만들어진 무기라는 말이다. 내 당장 먹고사는 것이 힘들어도 괘씸한 놈들을 혼내 주자는 정의파들이다. 박새, 독말풀, 박주가리 등과 같이 비교적 수명이 짧은 초본식물들이 여기에 속한다. 특히 그 숫자가 많지 않고 자라는 곳이

한정적인 식물들이 이 방법을 사용한다. 이들은 오래 살지 못하기에 잎을 만드는 기간도 매우 짧다. 그래서 짧은 시기에 효과적으로 적을 퇴치할 방법을 발달시킨 것이다.

박주가리라는 식물은 가지를 꺾으면 하얀 우유 같은 액이 흘러나온다. 이 액에는 아주 무서운 독성분이 들어 있어 작은 동물은 심장마비를 일으킬 수도 있다. 또 주로 대극과 식물들은 유독의 액체를 만드는 것으로 알려져 있는데 협죽도가는 잎이 마치 대나무와 같아서 협죽도라 불린다. 유도화라고도 한다라는 식물은 붉은색의 꽃이 매우 아름답고 우리나라 남부지역이나 동남아시아에서 많이 자란다. 이 협죽도의 줄기에도 아주 강한 독성분이 들어 있는데 과거 일본 군사들이 식사를 위해 이 식물의 줄기를 꺾어 젓가락으로 사용하다가 낭패를 보았다고도 전해진다.

5, 6월에 주로 개울가나 다소 습한 곳에는 노오란 꽃을 피우는 애기똥풀이라는 것이 흔한데 이것 역시 줄기를 꺾으면 노란 유액이 나와 이름 붙여진 꽃이다. 미치광이풀, 독말풀 모두 이름만으로도 무섭다.

박새라는 식물은 넓적한 잎에 하얀 꽃대가 매우 시원스러운 꽃인데 이 식물 역시 맹독을 가지고 있어 과거 궁중에서 사약을 만드는 원료가 되었다고 하니 그 맛을 아는 자가 몇이나 될까. 하지만 이들 독을 가진 식물들은 그 무서운 독에 비해 비교적 아름다운 모양을 하고 있

박주가리의 줄기 속을 흐르는 하얀 유액은 동물의 심장마비를 일으키는 치명적인 살상 무기이다. – 박새의 시원하고 큼직한 잎은 보기와 달리 무서운 독을 품고 있다.

우리나라 숲에는 박새 군락이 흔하다. 사람들은 이 풀의 독에 대해서는 잘 모르지만 시원한 잎이 주는 멋스러움은 쉽게 알아본다.

양귀비의 모르핀 성분은 강력한 환각제 역할을 한다. – 독성이 약재로 쓰이는 천남성

독활. 식물의 방어물질인 독은 사람에게 잘 쓰면 약이 된다. – 숲의 이슬 같은 둥글레는 뿌리에 약 성분이 있다.

제주왕나비 날개의 화려한 무늬는 자신의 몸속에 강력한 독이 있음을 포식자에게 알리는 수단이다.
ⓒ 경희고등학교 김성수 교사

다. 마치 독버섯이 유난히 아름답다는 속설과 비슷하다.

식물이 만들어 내는 독성분 중에는 우리가 일상적으로 접하거나 의학용으로 이용하는 것들이 많다. 진홍색의 연약하고 아름다운 꽃을 피우는 양귀비는 모르핀이라는 물질을 만들어 낸다. 이것은 잘만 이용하면 약이 되지만 잘못 이용하면 독이 된다. 세계인의 음료로 사랑받는 커피 역시 커피나무가 만들어 내는 카페인 성분이 들어 있다. 담배의 니코틴 역시 식물이 만들어 내는 방어물질이다. 니코틴 추출물에 지렁이를 놓아 두면 지렁이는 곧 조직이 파괴되면서 죽어 버린다.

이러한 물질들은 몸이 작은 곤충들에게는 치명적인 독이 되지만 인간들에게는 유용한 약이 되기도 한다. 독과 약의 차이는 바로 양적인 차이에서 오는 것이다. 따라서 사람들도 이러한 독물질을 다량으로 먹으면 독에 의해 손상을 입게 된다.

식물의 방어물질이 꼭 완전한 승리를 거둔 것 같지는 않다. 알고 보면 당하는 식물들은 자신을 지키기 위해 복잡한 화학물질을 끊임없이 개발해 왔다. 이에 반해 동물은 이 물질의 암호를 풀기 위해 노력해 왔다. 서로를 발전시키는 동인이 된 것이다. 박주가리의 독은 대부분의 다른 가해 동물들에게는 치명적인데 유독 제주왕나비의 애벌레에게만은 아무런 해가 없다. 오히려 애벌레는 이것을 이용하여 자신의 방어수단으로 삼는다. 제주왕나비 애벌레는 박주가리 유액에서 독성분을 분리하여 자신의 몸속에 그대로 저장한다. 그리하여 자신을 먹는 동물들을 중독시킨다. 애벌레는 화려한 색깔로 자신은 독이 있으며 먹이로서 부적합하다는 것을 공격자들에게 알린다. 애벌레가 자라서 나비가 되어도 이 독은 그대로 남아 있어 나비를 상습적으로 공격하는 새들로부터 자신을 방어한다.

노르웨이 북부 초원에 사는 나그네쥐의 무리는 집단자살로 아주 유명하다. 이들은 식구가 불어나기 시작하여 엄청나게 많아지면 모두 해안으로 달려가 자신들을 바닷속에 던짐으로써 집단의 크기를 조절한다. 최근에 이들의 집단자살 원인이 규명되었다. 나그네쥐가 먹는 사초과 식물들은 나그네쥐의 소화액을 중화시키는 액을 만드는데 나그네쥐의 식구가 늘어나 이들이 먹는 풀의 양이 많아지면 풀들은 이 액체를 다량 생산하게 된다. 그 결과 나그네쥐들은 먹이를 소화할 수 없게 되면서 체력이 소모되어 미친 듯이 풀을 먹다가 결국 해안이나 호수 가장자리까지 도달하여 먹이를 찾아 바다나 호수로 뛰어드는 것이다.

대부분의 이런 방어물질들은 소나무나 참나무의 단순한 잎과는 달리 식물들에게 귀중한 영양소인 질소를 이용하여 만든 아주 값비싼 것들이다. 따라서 그 양이 아주 제한적이지만 효과는 매우 강하다. 방어물질을 만들어 내는 식물들은 주로 열대지방에서 자라는 것들이 많다. 우리가 현재 이용하는 의약품의 약 80퍼센트 정도가 열대 식물에서 나오는 것이다. 하지만 이제까지 이용된 식물의 종수는 전체 식물 종수에 비하면 아주 미약한 것이고, 앞으로 얼마나 많은 유용한 의약 물질들이 식물로부터 나올지는 알 수 없다. 바로 이러한 점이 식물을 미래의 자원으로 인식하고 보호하기 위해 노력하는 이유인 것이다.

일이 이 정도인데도 어떤 놈들은 그 억센 잎을 삶의 무대로 살아간다. 그 정도의 열정과 노력이라면 그냥 달갑게 맞아 주자. 잎만이 아니다. 줄기에 가지에 곳곳을 노리는 군식구들이 나무를 괴롭히지만 그저 같이 살아가는 방법이라 생각하자.

호신무기, 가시

신갈나무는 두릅나무나 음나무의 불행에 비해서는 그나마 다행이다. 두릅이나 음나무는 그 알싸한 맛으로 인해 사람이라는 족속들이 잎이 나기가 무섭게 거두어 간다. 참으로 공포스럽다. 나무는 나름대로 사나운 가시를 만들어 위협도 하고 대항도 하지만 꾀로 가득 찬 사람들 앞에서는 속수무책이다. 그나마 음나무는 알아주는 이가 제한적이어서 산골 깊숙한 곳에서 더러 무사히 자라 천수를 누리기도 한다지만 두릅

열매를 지키는 무시무시한 밤송이 가시 – 음나무의 사나운 가시 – 땃두릅나무의 호신무기 가시

은 사정없이 잎을 박탈당해 도무지 제대로 된 놈을 찾아볼 수가 없다. 사람들은 자꾸만 가시 없는 두릅을 만들려고 한다.

사실 식물의 가시는 무릇 자신을 지키기 위한 방법이다. 장미는 그 잘난 가시로 인해 여러모로 사람들에게 칭송받는다. 시인 릴케가 장미 가시에 찔려 죽음에 이르렀다는 과장은 그의 아름다운 일생을 더욱 로맨틱하게 한다. 꽃 중의 꽃이라는 장미의 가시는 마치 왕비를 지키려는 근위병과 같이 칭송받는다.

반면에 같은 가시라도 탱자나무의 가시나 선인장의 가시, 두릅나무의 가시는 장미의 가시와 같은 근엄한 임무를 부여받지 못한 것 같다. 탱자의 가시는 소라의 속을 파먹는 데 아주 긴요하게 쓰이니 간혹 그 가치를 인정받기도 하겠다. 하지만 장미와 탱자의 가시에 대한 사람들의 인식이 뒤바뀌어 있다는 사실을 혹시 아는지.

나무의 가시는 식물의 기본기관인 잎이나 줄기 등이 변해서 된 것들이다. 이런 가시는 표피세포가 변형되어 만들어진 털과는 성질이 다른 것이다. 또한 가시는 일반적으로 털에 비해 크기가 크며 딱딱하다.

산사나무는 잔가지의 끝이 뾰족하게 변하면서 만들어진 가시로 자신의 열매를 보호한다. 주엽나무 역시 작은 줄기들로 가시를 만든다. 대추나무의 가시는 정상의 잎들 옆에 붙어 있는 탁엽托葉, 마치 잎을 떠받치는 탁자와 같이 생겼다이라 불리는 작은 잎들이 변한 것이며, 크리스마스를 장식하는 호랑가시나무는 잎의 가장자리를 뾰족하게 다듬어 가시처럼 만들었다. 배나무나 모과나무의 경우도 잎자루가 변해 가시를 만들었으며 매발톱나무는 잎의 일부를 가시로 변형시켰다.

이와는 달리 불리한 환경조건을 극복하기 위해 몸의 일부를 변형시켜 가시를 만들기도 한다. 사막의 극단적인 기후에 사는 선인장의 가시는 잎이 변해서 된 것이다. 따라서 우리가 흔히 잎이라 생각하기 쉬운 두툼하고 넓적한 몸체는 바로 줄기이다. 잎이 많으면 그만큼 수분손실도 많을 테니 어쩌면 현명한 판단인 듯하다.

하지만 장미의 가시는 무엇인가. 장미에게는 목숨을 걸고 지켜야 하는 열매도 없는데 말이다. 장미의 가시는 줄기 껍질의 코르크층이 예리한 갈고리 모양으로 밀리면서 생기는 것이다. 장미 가시는 다른 나무들의 가시가 견고하고 수명이 오래가는 것에 비해 쉽게 떨어진다. 불필요한 부속기관이라는 말이다.

식물기관의 변형은 나름의 이유를 가진다. 선인장과 같이 환경에 적응하기 위한 것이라든지 혹은 주엽나무나 대추나무와 같이 열매를 보호하기 위함 등이다. 자신의 일부를 가시로 변형시키는 것은 열매를 보호하기 위해 값비싼 독물질을 만드는 것보다 쉬운 작업임에 틀림없다. 물론 이들 나무들이 가시를 만들었다고 해서 모든 적으로부터 보호받고자 함은 아니다. 가시의 크기나 밀도는 적당한 수준을 유지하여, 열매를 먹고 씨앗을 퍼뜨려 줄 매개자들에게는 그 피해를 최소화시킨다. 한편 사람들이 재배하는 배나무나 사과나무의 가시들은 작업하는 사람들을 괴롭히므로 사람들에 의해 가시를 만드는 본능을 억제당하였다. 그 결과 과수원에서 자라는 과실수들은 가시를 만드는 본능을 잃어 순하게 길들여져 있다.

참나무겨우살이

곤충이란 놈들은 그래도 제 몸을 움직이고 먹을 대상을 직접 찾아가는 수고를 하니 나름의 살아가는 방편이라 생각하면 화가 덜 나는 편이다. 하지만 아예 제 몸뚱어리를 나무에 박아 양분을 채우는 놈이 있으니 바로 기생식물들이다.

　잎이 누렇게 마른 겨울 신갈나무의 줄기 한쪽 끝에 이상한 식구가 더부살이하고 있다. 이 더부살이 식구는 노오란 꽃도 피울 뿐더러 열매도 버젓이 달고 있다. 이 공중주택을 지은 놈은 다름 아닌 겨우살이이다. 겨우살이는 애써 뿌리를 만들 필요도 없을 뿐더러 그 지긋지긋한 흙 속으로 몸을 내리지 않아도 된다. 더욱이 힘들여 물과 양분을 땅속에서 끌어 올릴 이유도 없다. 이놈들은 뿌리 아닌 뿌리를 신갈나무의 물이 지나가는 길과 양분이 지나가는 길에 박아 나무의 것을 중간에서 슬쩍 끌어가기만 하면 된다. 그래서 이름도 겨우살이보다 더부살이가 더 어울릴지도 모른다. 어디를 가나 남의 등을 쳐서 먹는 못된 군상이 있게 마련이다.

　이 겨우살이라는 놈은 겨울철에 탐스럽고 먹음직스러운 열매를 맺어 새들을 유혹한다. 이 열매를 먹은 새들은 달콤한 과육은 그들의 몸속으로 빨아들이지만 딱딱한 열매는 배설하고 만다. 새들의 배설물이 나무의 줄기에 묻으면 이 종자 놈은 염치없게도 뿌리를 나무의 몸속으로 박는 것이다.

신갈나무를 등쳐 먹는 기생식물인 참나무겨우살이

참꽃나무겨우살이(꼬리진달래). 참꽃나무겨우살이는 건전한 뿌리와 가지, 잎으로 생을 일구는 식물이지만 이름 때문에 종종 기생식물로 오해를 받는다.

    이놈이 침입한 줄기는 거의 생명력을 상실했다고 보아야 할 것이다. 이 괘씸한 기생식물은 겨울이면 노란 꽃을 만발하며 아름다운 열매를 다복이 만들어 사람들에게 성스러운 존재로까지 추앙받으니 나무로서는 억울하기가 이를 데가 없다.

    하기야 오리나무에 더부살이하는 놈은 불로초란 영예로운 칭호까지 받았으니 이 어찌 분통 터질 일이 아닌가. 오리나무더부살이는 그 덕에 사람들 눈에 뜨이기만 하면 잘려 나가니 너 또한 무슨 운명이 그러하더냐. 애시당초 불로초란 명성은 이 가련한 기생식물에게는 별 의미가 없었다.

    이 정도면 나무는 포기하는 수밖에 없다. 가지가 말라 차라리 죽어 버리는 것이 남 좋은 일 시키는 것보다 나으리라. 신갈나무는 괘씸한 겨우살이의 흔적을 목재에 남겨 놓는다. 하지만 무슨 소용이 있단 말인가. 그깟 영광의 상처가 무슨 밥이라도 먹여 주는가. 그러한 영광은 당장의 건강한 가지 하나에도 못 미친다. 호랑이는 죽어서 가죽을 남기고 사람은 죽어서 이름을 남긴다면 나무는 죽어서 나이테를 남긴다. 나무가 악에 받쳐 만들어 낸 말이다.

일부 기생식물들은 심지어 양분을 만드는 생산기관인 잎도 없다. 따라서 그런 식물들은 모든 살아가는 힘을 숙주식물인 나무에게서 강탈한다. 이런 종류로는 새삼이 있다. 새삼은 덩굴손으로 아래를 더듬어 가며 숙주가 될 나무를 탐색한다. 자신과 닿은 가지의 영양상태를 판단하여 가늘고 빈약한 가지와 닿을 경우는 덩굴손을 풀고 다시 다른 튼튼한 가지를 탐색한다. 적합한 대상을 찾은 새삼은 자신의 몸을 숙주의 몸에 강하게 밀착시킨 뒤 미세한 실과 같은 조직을 숙주나무의 몸속으로 침투시킨다. 그렇게 원하는 것을 손에 넣으면서 곧 세력을 확장한다. 기생식물에게 뜻하지 않게 양식을 강탈당한 나무는 서서히 말라 간다.

겨우살이가 정착했던 가지의 나이테. 나이테는 나무의 역사를 가장 잘 알 수 있는 기록 필름이다. 기생식물의 침입으로 양분을 박탈당한 가지와 연결된 부위는 생명의 활동이 일찍 정지되는 불운을 겪는다. ⓒ 임업연구원 가강현 연구사 일부 겨우살이들은 숙주식물의 잎과 비슷한 모양을 지니는 것도 있다. 이러한 변형은 겨우살이가 숙주식물인 양 위장하기가 수월하기 때문이라는 설명도 있지만 그보다는 겨우살이가 숙주식물로부터 물과 양분을 흡수하는 과정에서 성장호르몬이나 기타 생장조절물질도 함께 흡수되어 서로 비슷해졌을 가능성도 있다고 한다.

기생식물은 세계적으로 열대우림에 있는 나무들에게서 많이 관찰할 수 있는데 하나의 나무는 다양한 기생식물들의 정원이 된다. 심하게 말해 야자수를 제외한 거의 모든 나무들이 기생식물에게서 자유로울 수 없다. 하지만 엄밀히 말해 야자수에게는 전혀 기생식물이 붙지 않는다는 것이 아니다. 야자수는 나무이지만 마치 풀과 같이 꼭대기의 거대한 새순에서만 성장이 이루어진다. 잎이 일정 기간 수명을 다해 떨어지면 같이 붙어 자라던 기생식물들도 함께 떨어진다. 결국 야자나무의 자유로움은 기생식물이 자비를 베풀어서가 아니라 야자나무의 버릇 때문에 생긴 행운인 셈이다.

개미풀이라고 불리는 식물은 열대우림지역에 자라는 맹그로브 나무들 위에서 자란다. 개미풀은 뿌리를 땅에 박고 있지 않기 때문에 질소나 인산과 같은 양분을 직접 흡수할 수 없다. 이런 문제를 해결하기 위해 개미풀은 이름에서 알 수 있듯이 줄기를 마치 공 모양으로 부풀려 그 속에 개미를 키운다. 부푼 줄기 속은 여러 가지 용도로 잘 구

최소한의 잎조차 없는 몰염치한 기생식물 새삼 – 사람들이 제법 귀하게 여기는 천마 역시 숲의 약탈자인 기생식물이다.

1 마치 꽃처럼 피어난 기생식물
2 지리산에서 주로 자라는 가지더부살이
3 바닷가 모래땅에서 사철쑥에 기생하는 초종용

분된 개미방들이 있고 개미들은 곤충을 잡아다가 곤충과 더불어 그들의 배설물을 저장실에 보관한다. 바로 개미풀에게 필요한 인산이나 질소 성분이 풍부한 물질들이다. 개미풀은 이들 물질을 흡수하여 필요한 양분을 조달한다. 일종의 공생관계로도 해석할 수 있다.

목 조르기 명수들

어디 이뿐인가. 제대로 서지도 못하고 기어 다니는 놈들 또한 성가시고 무례한 존재들이다. 은근히 옆으로 다가와서는 살짝 몸을 감는다. 그저 지나가는 속도가 느리다고 방심했다가는 큰일이다. 아니, 몸이 감기는 그 순간 이미 모든 것을 포기해야 하는지도 모른다.

목 조르기의 명수들인 덩굴식물들은 처음에는 굉장히 호의적이다. 겨우살이처럼 몸을 처박고 양분을 강탈하는 짓은 하지 않는다. 부드러운 줄기로 약간의 자극만 줄 뿐이다. 그러나 시간이 감에 따라 서서히 본성을 드러내기 시작한다. 여리던 줄기는 무겁고 딱딱한 줄기

덩굴식물에 감긴 줄기는 부피 성장을 할 수 없어 결국 고사하게 된다.

로 변해 기대고 있던 나무를 심하게 압박한다. 나무는 안간힘을 쓰지만 곧 희생당하고 만다. 불을 보듯 뻔한 승부였다. 오미자덩굴, 다래덩굴, 칡덩굴, 청미래덩굴 모두가 한통속이다.

　숲에 있는 나무들은 이런저런 투쟁으로 인해 말끔한 것이라고는 없다. 오히려 이러한 치열한 투쟁 속에서 더욱 살려고 하는 의지가 강해지기도 한다. 무리 중에는 적당한 스트레스에 의해 더욱 왕성한 생활력을 보이는 놈들도 더러 있다. 일부 나무들은 꽃을 많이 피우고 열

칡덩굴은 무성한 잎으로 햇빛을 차단하여 가려진 식물이 광합성을 할 수 없게 만든다.

매를 많이 맺어 자손에게 생을 넘기려고 하며 어떤 나무들은 잃은 것의 배를 만들어 보상하려 한다.

식물의 세상은 그야말로 먹고 먹히는 승부의 세계이다. 이를 거부할 수 있는 방법은 생을 거부하는 수밖에 없다. 숲의 전사로 성장해 가는 신갈나무는 그래서 상처투성이이다.

도토리 생산의 조절

무엇보다 가장 참을 수 없는 것은 애써 만들어 낸 도토리를 탐하는 무리들이다. 하나의 도토리를 만들기 위해 얼마나 많은 노력을 했던가. 무엇보다 도토리야말로 신갈나무의 분신이 아닌가. 한편으로 도토리야말로 신갈나무의 고갱이가 아닌가. 도토리를 먹으면 다 먹는 것이다. 도토리에 산란하는 놈도 그렇지만 통째로 도토리를 제 양식으로 삼는 놈들은 더욱 괘씸하다.

나무를 제집처럼 오르내리는 다람쥐, 때가 되면 얄미울 정도로 정확하게 나무 주위를 어슬렁거리는 멧돼지와 곰, 심지어 꿩, 어치와 같은 새들에 이르기까지. 가을이 오는 것이 두렵기조차 하다. 어찌 그리 잘도 알고 도토리를 마치 맡겨 놓은 물건 찾는 양 당당히도 가져가는가.

물론 신갈나무는 자신의 어린 열매가 더 안전한 장소를 찾아가는 데 움직이는 동물의 도움이 절대적인 것임을 알고 있다. 그러나 그것은 나무의 희망일 뿐, 짐승들은 도토리를 그저 양식으로만 여길 뿐이다. 싹을 낼 때까지 살아남는 것은 순전히 운에 달린 것이다. 더욱이 열매를 많이 만들어 내면 신갈나무의 자손이 번창하는 것이 아니라 적들의 새끼가 늘어날 뿐이다.

그래 짐승의 머릿수를 줄이는 수밖에 도리가 없다. 열매가 많은 해는 꽃도 많았다. 꽃으로 열매로 짐승을 키우니 다시 꽃으로 열매로 저들을 조절하는 수밖에. 열매가 적으면 놈들의 새끼들이 굶어 죽을 것이다.

신갈나무는 열매 생산량을 전략적으로 조절한다. 짐승의 새끼 수가 적은 해에 맞추어 생산량을 늘리고 새끼 수가 많은 해에 생산량을 줄인다. 열매의 생산이 많으면 다람쥐는 많은 새끼를 낳을 것이다. 다음 해에 열매의 생산이 줄어들면 새끼들 간에 먹이경쟁이 일어나고 많은 수의 새끼들이 굶어 죽을 것이다. 새끼 수가 적당한 수준으로 줄어들면 열매 생산량을 늘린다. 적은 먹이로 인해 극심한 고통에 시달렸던 짐승들은 적극적으로 열매를 곳곳에 묻어 두기 위해 숲을 누빌 것이다. 물론 그들 중 상당수는 기억에서 사라지고 대신에 어린나무가 자라오르겠지만.

그런데 이 일은 신갈나무 혼자만의 의지로 되는 것이 아니다. 숲의 열매란 도토리만이 아니다. 개암도 있고 밤도 있다. 열매 생산성의 일치가 필요하다. 다행히 숲의 나무들이 다 같이 이런 고민을 가지고 있다. 협의는 쉽게 이루어진다.

이로써 신갈나무는 자신을 노리는 자연의 적들로부터 무사히 살아남을 수 있었다. 사실 따지고 보면 자연에서 적이 아닌 것 어디 있으며 한편으로 진정한 적은 또한 누구인가. 그저 주어진 조건에 따라 제 삶을 살아가는 것인데. 만일 적과 동지가 있다면 진작 이 숲은 강한 놈들의 천지가 되었을 것이다. 그러나 숲은 항상 다양한 생명들로 채워지고 있다. 예측불허의 사건들 역시 숲을 통째로 혹은 부분적으로 흩뜨려 다양성을 창조하고 강자를 견제한다. 강한 바람이 그렇고, 강한 비가 그렇고, 산불이 그렇다.

일곱, 나무가 있는 숲

50세의 완숙한
장년 신갈나무

    신갈나무도 어느덧 숲의 어엿한 주인이 되었다. 줄기 속에는 이미 50개의 동심원나이테이 새겨졌다. 나무의 외관은 넉넉한 품으로 하늘을 가리고 있으며 둥지는 가히 숲의 대들보라 할 수 있겠다. 어딜 보아도 그간의 치열했던 생장사를 보여 주는 구석이 없이 그저 넉넉하고 자비롭다.

    나무가 만든 그 무성한 잎은 참으로 놀랍다. 무에서 유가 창출되는 순간이 너무도 감격적이다. 작은 눈에서, 작은 잎에서, 억센 잎으로 무성해지는 잎은 사실상 공기 중의 이산화탄소를 그 원료로 한다. 도대체 얼마만큼의 공기를 압축시켜야 한 나무에게서 나오는 만큼의 잎을 만들 수 있을까. 그 과정에서 필연적으로 방출하게 되는 산소의 양은 또 얼마나 될까.

    지구 역사 이래 나무는 지구환경에 순응하면서, 또한 주체적으로

신갈나무의 웅장한 몸. 사람은 나이를 먹을수록 초췌해지지만 노년의 신갈나무는 나이를 먹을수록 경외와 존경을 불러일으킨다.

일정한 높이에 다다라 사방으로 가지를 뻗는 신갈나무들이 모여 이룬 숲길은 전형적인 온대림의 모습을 보여 준다.

변화시키면서 발달을 거듭해 왔다. 감히 공장에서 만들어 낼 수 없는 엄청난 양의 탄소유기물을 나무는 생산해 왔던 것이다. 이 탄소유기물은 궁극적으로 지구생태계를 이끌어 왔으며 오늘날 인간의 문명을 지배하는 동력을 제공하고 있다.

어디 잎뿐인가. 숲을 가득 채운 줄기와 가지 그리고 뿌리의 기원 역시 공기 중의 탄소에서 시작된 것이다. 사람의 활동이란 무릇 이산화탄소를 생산하는 일이다. 지구가 더워지고 환경이 변하고 사람들은 아우성이다. 나무는 사람들에게 무슨 말을 해 줄까.

넉넉한 풍채

신갈나무에게서 사납고 투쟁적인 모습은 다소 누그러지고 넉넉한 품성이 배어 나온다. 숲은 한 그루의 신갈나무만으로도 품이 커 보인다. 그것은 소나무가 들어찬 숲이 주는 위압감과는 거리가 멀다. 이제 신갈나무의 키는 거의 변하지 않는다. 대신 사방으로 뻗는 가지들의 성장이 눈부시다.

가지는 특별히 잘난 것도 없이 서로가 어울려 둥글게 펼쳐져 있다. 어릴 적 그토록 고집했던 하나의 줄기는 이처럼 웅장한 수관을 위해 예정된 것이었다. 힘의 균형이 이루어지는 지점에서 나무는 하나를 포기하고 여럿을 함께 어우른다. 잎이 무성한 여름이면 일대의 숲은 신갈나무의 풍성함으로 물결치듯 출렁인다. 숲의 주인다운 풍채를 나무는 충분히 타고났던 모양이다.

하나의 가지가 둘을 낳고 둘은 넷을 낳고, 늘어나는 높이와 깊이는 숲이 커질수록 배가된다. 그럼에도 위협적이지 않고 인자하고 후한 모습이다.

나무의 전체적인 외형은 나무의 계획된 설계와 시공방법에 의해 건축된다. 나무의 줄기가 자라는 데는 옥신이라는 생장조절물질, 즉 호르몬이 필요하다. 호르몬은 식물의 가지나 줄기 끝에서 만들어져 식

숲의 가장 외곽에서 잎을 피우는 신갈나무는 숲 하층의 키 작은 식물들이 잎을 내고 난 뒤 비교적 여유 있게 잎을 낸다.

물의 성장을 조절한다. 소나무와 같은 겉씨식물들의 옥신은 정아頂芽에서 만들어져 서로 다른 곳으로 이동한다. 따라서 옥신의 신호를 가장 먼저 받는 정아는 수직성장을 하게 된다.

  옥신은 정아 양옆에 있는 눈측아 側芽의 생장을 저지하여 중심줄기가 높이 자라도록 한다. 정아가 자라는 동안 측아는 세상에서 빛 한번 제대로 보지 못하고 사라진다. 정아에 힘을 실어 주는 것이다. 이런 정아우세 현상은 특히 햇빛을 선호하는 나무들에서 현저한데 주로 침엽수들에서 강세를 보인다. 나무에게도 장자 우선권이 부여되는 것이다.

어린 시절 신갈나무는 옥신으로 하여금 옆가지들의 발생을 억제하도록 명령하여 두었다. 그래서 나무는 어느 정도의 키를 확보할 수 있었다. 이런 건축상의 기술이 신갈나무를 진달래나 개나리와 다르게 만든 핵심이다. 줄기가 몸집을 지탱할 수 있을 만큼의 안정된 구조로 되었을 때 신갈나무는 옥신에 대한 명령을 거두었다. 옆가지들에게도 기회를 제공한 것이다.

신갈나무의 수형은 소나무와 달리 둥근 모양이다. 일정한 높이에 도달하면 중심 줄기의 성장이 억제되고 옆 가지의 생장이 촉진된다.

사람들은 비록 완전한 나무의 건축법을 이해하지 못했지만 부분적으로 응용할 수 있는 방법을 익혔다.

소나무의 정아가 바람에 잘리거나 곤충에 의해 제거되면 측아가 성장하면서 새로운 중심줄기를 만든다. 그래서 나무는 두 개의 중심줄기를 가지게 된다. 각각의 중심줄기는 다시 정아우세 현상을 가지게 된다. 만일 소나무를 둥글게 자라게 하고 싶다면 계속해서 정아를 제거해 주면 된다. 그러면 충실한 옆가지들이 발생하여 둥글게 된다.

　신갈나무 주위로는 짐승들이 묻어 둔 열매들에서 나온 어린 신갈나무, 졸참나무, 갈참나무 들도 드문드문 자라고 있다. 가을이면 낙엽 진 신갈나무 사이로 들어오는 빛에 팥배나무의 씨앗도 떨어졌다. 팥배나무는 무서운 기세로 자라 가을이면 한쪽 하늘을 붉은 열매다발로 장식한다. 거칠 것 없이 쭉쭉 뻗은 팥배나무의 여러 가지들이 어울려 소나무를 희롱하기도 한다. 붉나무며 개옻나무, 노린재나무 들은 이제 당당한 숲의 일원이 되었다. 숲 바닥은 이들 나무에서 떨어진 낙엽들로 또한 그득하다. 모든 것이 넉넉해졌다. 숲의 성질이 바뀐 것이다.

침엽수가 주를 이루던 숲에 낙엽활엽수가 들어오면서 침엽수와 낙엽활엽수의 혼효림이 형성된다. 시간이 지나면 일부 제한된 곳을 제외하고는 낙엽활엽수가 우점하게 될 것이다.

소나무의 역사

신갈나무를 비롯하여 다양한 나무 종류들이 성장함에 따라 소나무는 점점 고립되어 간다. 그 변화가 좋은 것인지 나쁜 것인지는 단정할 수 없지만 분명한 것은 더 많은 식구들이 생겨나고 훨씬 복잡해져 가고 있다는 것이다.

물론 신갈나무가 자라는 동안에도 많은 소나무의 씨앗들이 날아올랐다. 소나무의 씨앗은 신갈나무의 씨앗에 비해 크기가 작고 씨앗 속에 들어 있는 유산도 하잘것없어 보인다. 그런데 특이하게도 날개가 달려 있다. 아주 건조한 가을, 단단해 보이던 솔방울이 열리면서 그 속에 들어 있던 작은 씨앗들이 빙그르 쏟아졌다. 일부는 하늘로 날아오르고 일부는 그대로 떨어지면서 잔가지에 걸리기도 했지만 결국 낙엽으로 떨어졌다. 그러나 이미 웅장하게 자라기 시작한 신갈나무와 철쭉이 들어찬 숲 아래는 이전보다 훨씬 어둡고 눅눅해져 있다. 작은 소나무의 씨앗은 제대로 싹을 내지 못하고 바람에 구르거나 썩어 갔다.

나중에 숲으로 들어온 낙엽활엽수들은 무서운 기세로 소나무를 고립시키고 결국에는 밀어내고 만다.

소나무가 줄어들고 잎이 넓은 나무들이 메워지면서 낙엽의 성질도 바뀌었다. 딱딱하고 날카로운 바늘잎들로 가득했던 숲 바닥이 이제 가랑잎으로 울퉁불퉁하게 덮여 있다. 물기도 많고 썩어가는 잎들도 많다. 여기저기 벌레들이 기어 다니고 작은 짐승들도 들락거린다. 처음에 도토리가 자리 잡을 당시와 완전하게 뒤바뀌어 있다.

세상은 변한다. 변하지 않는 것은 없다. 이 숲에서 오랫동안 살아온 소나무는 그 변화를 극적으로 겪은 것이다. 소나무는 유난히 햇빛을 좋아한다. 햇빛에 대한 요구는 씨앗에서 싹이 날 때 더욱 중요하다. 신갈나무가 자라면서 깊은 그늘이 일상적인 것이 되어 버린 숲에서 비록 소나무의 씨앗이 떨어진다고 해도 빛 부족 때문에 싹을 낼 수 없었다. 대신에 작은 몸체에 달린 날개는 씨앗을 멀리 이동시킬 수 있다. 소나무는 아마 그렇게 빈 땅을 찾아 날아가도록 운명 지어진 족속인가 보다. 그들은 태생적으로 숲다운 숲이 없는 곳에서 숲을 일구는 개척자의 신분을 타고났음에 틀림없다.

산불은 소나무가 새로 숲을 일구는 중요한 사건이다.

소나무라고 신갈나무가 겪었던 고통

이 빗겨 가는 것은 아니다. 소나무 역시 초록 잎으로 광합성을 하고 동물들이 그토록 노리는 탄수화합물을 만들어 낸다. 단지 소나무는 너무 일찍 이 지구상에 태어났기에 모든 것을 혼자서 발명해야 했다. 소나무 무리가 고안한 단단한 솔방울은 건조한 지구 육지에서 살아남을 수 있는 최초의 기능적인 종자로 기록되며, 뿌리에서 지상의 꼭대기까지 거대한 수로를 이루는 물수송체계인 가도관은 비록 지금의 신갈나무나 버드나무에 비하면 효율성은 떨어지지만 얼마나 훌륭한 발명품인가. 소나무가 지구상에 태어날 때 생물군은 신갈나무가 태어날 때의 생물군에 비해 훨씬 단순했다. 그러나 소나무 이후에 태어났다고 해서 소나무를 공격의 대상에서 제외시킨 것은 아니었다. 소나무로서는 살아남기 위해 나름의 최선을 다했다.

　소나무는 오로지 지구에서 가장 흔한 자원인 탄소를 이용한 발명품에만 집중했다. 당시에 지구상의 물질은 단순했다. 소나무가 생각해 낸 해결책은 탄소의 고리를 무수하게 엮어 잘 부서지지 않도록 하는 것. 소나무 잎 속의 고약한 성분들이나 줄기에서 나오는 송진 등은 신갈나무 잎의 타닌에 다름 아니며 박주가리의 유액과 다르지 않다. 사람들은 소나무의 목재는 탐내면서 소나무가 살아남기 위해 애써 지켜 온 생활방식에 대해서는 인색하다.

　소나무의 의도는 아니지만 소나무 낙엽이 가득한 땅은 소나무 침엽 속의 고약한 물질들이 그대로 간직되어 독성을 띠게 된다. 그래서 다른 식물들의 씨앗이 싹을 내거나 땅속을 기어 다니는 동물들도 소나무 낙엽은 꺼리게 된다. 소나무는 자신을 지키기 위해 단지 좀 더 강화된 물질을 분비했을 뿐인데, 다른 식물들이 그것을 독으로 감지했다. 타감작용이다. 자연 소나무 낙엽이 쌓임에 따라 땅에는 독성이 쌓이고 심지어 자신의 어린싹마저 살지 못하게 된다. 그러나 소나무 침엽이 사람이 만들어 내는 유리나 고철만큼 오랫동안 보존되는 것은 아니다. 단지 시간이 좀 더 걸릴 뿐이다. 그러나 분명한 것은 소나무가 있음으로 숲이 탄생하고 낙엽이 탄생한다는 것이다. 사실 이 정도의 업적만으로도 소나무는 충분히 칭송받을 만하다.

그러니 애초에 신갈나무의 조상이 이 숲에 자리를 잡을 수 있었던 것도 어찌 보면 소나무가 이룬 숲 덕분일지도 모른다. 다람쥐는 이미 나무가 있는 숲에 도토리를 묻으니까. 소나무라도 자라면서 그늘을 만들 수밖에 없다. 소나무가 자신의 그늘 속에 자신의 싹을 가질 수 있었다면 먼 옛날 애초의 도토리에게 성장의 기회는 더욱 희박했을 것이다. 다행히 어린 신갈나무는 빛에 대해 고집스러운 어린 소나무에 비해 상대적으로 약한 빛에서도 강한 인내심을 가져 성장의 기회를 잡을 수 있었다. 그로 인해 사람들에 의해 무자비하게 잘려 나가는 시련 속에서도 끈질긴 삶을 이어 온 것이리라.

우리나라
숲의 주인

천이과정을 거친 우리나라 숲은 원래 어떤 모습일까. 남부지방의 경우는 서어나무나 단풍나무류가 주종을 이루는 숲이며 중부지방에서는 신갈나무나 느릅나무, 음나무, 피나무 등의 낙엽활엽수들이 주종을 이루는 숲이 된다. 소나무를 천이 초기종이라 하는 반면 참나무류나 서어나무, 단풍나무류를 천이 후기종 혹은 숲이 변화의 절정에 달

벼랑 끝에서 모질게 버티고 있는,
울릉도 안평전의 자생 소나무

벼랑으로 밀려난 소나무

했을 때 나타나는 종이라 하여 극상종極上種이라고 한다.

현재 우리나라 대부분의 숲은 과거 황폐화된 이후 급속히 성장하여 자연적인 숲으로 회복되는 과정에 있다. 대대적인 단일 수종으로 조림되었던 지역들을 제외한 대부분의 산야에서 소나무가 밀려나면서 그 자리에 참나무류가 주종을 이루어 가고 있다.

천이 후기종으로 채워진 숲은 비교적 안정적으로 오랫동안 유지된다. 그러나 산불과 같은 교란은 다시 숲을 초기의 모습으로 바꾸어 놓았는데, 비교적 가볍고 작으며 날개가 달려 멀리까지 이동이 용이한 소나무의 씨앗들이 정착하면서 완전히 개방된 공간에서 빛을 한껏 받으며 새로운 숲의 역사를 일구기 시작한다.

소나무와 참나무는 서로 다른 생태적 습성 때문에 같이 살기는 힘들지만 어느 것이 바람직하고 좋다라고 말할 수는 없다. 둘 다 우리에게는 너무나 소중한 자원이며 나아가 숲의 귀중한 진행자들이기 때문이다.

다양한 숲의 식구들

소나무가 고립되어 감에 따라 겨울에는 오히려 소나무 숲에 비해 빛이 늘어났다. 소나무가 자라는 숲은 겨울에도 빛이 소나무에 가려졌다. 그러나 신갈나무가 자리를 차지한 만큼 겨울 빛이 숲 안으로 들어온다. 가랑비에 옷 젖는다고 겨울 동안 늘어난 빛은 땅의 온도를 올리고 땅의 높아진 기온은 땅속 생물들의 활동을 부추긴다. 뻣뻣하던 소나무 낙엽이 서서히 분해되고 흙 속으로 침투하는 물의 양이 늘어간다. 물은 흙을 더욱 부드럽게 하고 작은 씨앗들을 품어 준다. 이제 해가 지남에 따

신갈나무의 갈라진 둥지에 보금자리를 마련한 금마타리(한국 특산종)

라 신갈나무의 넉넉한 품 아래 밋밋하고 심심하던 숲 가운데에도 활기가 솟아난다. 나름대로 가지를 뻗어 공간을 만들어 가는 식구들이 새로운 층을 만들고 그 아래로는 훨씬 복잡하고 다양한 풀들이 섞여 사시사철 꽃잔치로 재미가 있다.

봄이 오면서 나무의 많은 가지 사이로 따스한 볕이 비쳐 들면 숲은 전에 없이 부산해진다. 어느 틈엔가 노란 매미꽃이 낙엽을 뚫고 피어오른다. 암울한 갈색의 낙엽 위로 바야흐로 생명의 계절이 피어난 것이다. 뒤를 이어 제비꽃도 피어나고 얼레지도 피어난다. 은방울꽃의 새잎들이 꽃잔치를 위한 무대를 마련하고 보라색의 현호색은 이름만큼 현란한 모습으로 피어난다. 흰색의 노루귀 무리가 피어오르고 노랑제비꽃, 피나물, 자주괴불주머니, 구슬붕이가 하나둘 피어오른다. 이미 신갈나무의 억센 잎이 곧 하늘을 차지할 것임을 알고 있는 들꽃들의 지혜이다. 이들은 곧 나무 그늘로 인해 빛이 가려질 것을 알고 있다. 그래서 일찍 생활사를 마무리해야 한다.

가을날의 낙엽이 숲의 바탕을 기름지게 하고 겨울의 가지 사이로 비쳐드는 햇살이 숲으로 기운을 불어넣어, 신갈나무가 자라는 숲의 봄은 생명이 충만한 봄이다. 비록 짧은 봄 동안의 축제이기는 하지만 들풀들은 기꺼이 받아들인다. 여름을 기다린다면 그것은 풀이 아니라 나무이어야 하기 때문이다.

신갈나무 낙엽 위에 피어나는 봄. 이들 꽃은 도심의 봄이 진달래로 화려할 때쯤 숲의 따스한 틈새 빛으로 하나둘 피어난다.
신갈나무 숲에 핀 큰괭이밥 꽃 – 복수초의 꽃망울

현호색 꽃 – 억센 신갈나무 낙엽을 뚫고 얼레지 또한 자기 삶을 성공적으로 살아가야 한다.

높은 산에 자라는 신갈나무는 비록 큰 키로 자라지는 못하지만 굵은 줄기와 넉넉한 품으로 다양한 식물들을 품는다.

봄을 깨우는 것은 비단 들꽃들뿐만이 아니다. 새들도 하늘 높이 날아오르고 미우나 고우나 벌레들도 알을 뚫고 나온다. 윤기가 흐르는 땅 위로 벌레들의 움직임이 부산하고 거미는 집 단장에 여념이 없다.

숲은 참으로 안정되고 넉넉해 보인다. 그렇다고 긴장이 완전히 가신 것은 아니다. 오히려 많아진 식물 수만큼 꼬이는 곤충의 무리도 더 많고 산짐승의 식구들도 불어나 있다. 뿌리 쪽도 마찬가지이다. 이제 어느 것이 제 것인지 구분도 안 될 정도로 복잡하게 얽혀 있다.

　　사실 땅 위에서보다 더 복잡한 것이 땅 밑인 듯하다. 이제 흙 속은 흙 속에 뿌리가 있는지, 뿌리 속에 흙이 있는지 분간이 안 될 정도이다. 신갈나무의 뿌리도 잔뿌리가 굵어지고 땅속 깊은 곳까지 박혀 있다. 뿌리도 깊어지고 가지도 높아지고 줄기도 굵어지고 어느덧 세월이 나무에게 걸려 있다. 신갈나무에게는 팽팽했던 긴장감도 줄어들고 매 순간 치열했던 변화도 누그러져 있다. 숨 가쁜 성장의 시기가 마무리되면서 정체의 시간이 되는 것이다.

복잡한 숲

변화는 단순히 소나무 숲을 신갈나무 숲으로만 바꾸지 않는다. 숲의 구성원도 바뀌고 구조도 바뀐다. 다행히 신갈나무가 중심인 숲은 소나무가 중심인 숲에 비해 훨씬 다양한 식물들이 공존할 수 있다. 건조하고 빛이 풍부한 구릉에는 신갈나무 무리가, 그늘지고 습한 계곡에는 피나무 무리가, 벼랑 끝 암벽 주변에는 소나무 무리가 남아 있다. 다시 신갈나무 주위에는 철쭉이나 당단풍나무가 자주 어울리고, 피나무 주위에는 층층나무, 붉나무, 마가목, 노린재나무, 산초나무 등 비교적 다양한 나무들이 어울린다. 간혹 울창한 신갈나무 아래에는 조릿대가 빼곡히

소나무와 낙엽활엽수가 멋진 조화를 이루는 지금의 혼효림은 시간이 지나면서 낙엽활엽수만의 숲으로 바뀔 것이다. 그것이 온대활엽수림에서 침엽수의 운명이다.

들어차 있기도 하다. 숲은 풍성하고 다채롭다.

특히 비교적 높은 곳에 사는 신갈나무는 철쭉을 가까이 두기를 좋아한다. 철쭉 또한 얼마나 정겨운 우리의 식물인가. 주걱같이 넓은 잎이 조롱조롱 피어 있는 가운데 연분홍의 향기로운 꽃을 피우는 철쭉, 철쭉과 신갈나무의 궁합이 참으로 이상적이다. 서로는 자신들의 우정을 과시하기라도 하듯 이파리의 모양이나 배치를 닮게 하고 있다. 이른 봄이면 신갈나무와 철쭉의 잎은 구분이 모호하기도 하다. 인가보다 산지에서 자라는 신갈나무이다 보니 비교적 높은 곳에서 사는 철쭉의 공존은 어쩌면 당연한 것인지 모른다.

우리나라 중부 지역의 가장 대표적인 식물 군락은 신갈나무와 철쭉 군락이다. 철쭉은 진달래와 달리 꽃이 잎보다 나중에 핀다.

당단풍나무 역시 큰 나무이기를 포기하고 숲의 중간을 메우는 나무로 살기로 작정했다. 따라서 당단풍나무는 여간해서 줄기를 하늘 높이 내지 않는다. 남의 자리를 탐하지 않고 주어진 조건에서 자신을 적응시킨다. 나약하고 자기합리적이라 비난하는 이도 있을지 모르지만 때로는 체념과 수긍이 오히려 편할 때가 있다. 고집은 모두를 긴장시키고 힘들게 한다.

사람이 다른 생물과 다른 점은 지칠 줄 모르는 욕심을 가진 것이라고 했다. 당단풍나무는 모자람을 선택했다. 때로 신갈나무가 병들거나 거센 바람에 쓰러져 틈을 내주기도 하지만 당단풍나무는 결코 그 자리를 탐하지 않는다. 다만 다른 나무를 기다리는 동안 메워 줄 뿐이다. 마치 개미가 더는 몸집을 키우지 않고, 오리가 덤불을 탐하지 않는

낙엽이 많은 신갈나무 숲에는 다양한 야생화가 피어난다. 노루귀 왼쪽, 중의무릇 오른쪽

것과 마찬가지 이치이다.

하지만 신갈나무에게는 다소 고집스러운 면도 있다. 늘 대하는 식구들에게는 너그러운 편이나 새로운 식구들에게는 은근히 배타적인 것이다. 어쩌면 나무의 걱정을 이해할 수도 있다. 그 역시 처음에는 이곳의 이단자였다. 경계하는 무수한 무리를 물리치고 이 자리에 오기까지 그가 겪은 수고로움만큼 많은 변화가 동반되었음을 그는 기억하고 있었던 것이다. 새로운 침입자의 출현은 그래서 경계의 대상이 된다. 그러나 나무의 그런 고집스러움과 배타적 습성이 숲의 고유한 속성들을 간직하는 데 기여한 공로는 인정해야 한다.

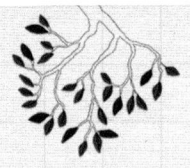

귀화식물의 천국

요즘 들길을 걷다 보면 과거에는 볼 수 없었던 새로운 식물이 자라고 있거나 가끔씩 볼 수 있었던 식물이 넓은 면적에 군락을 이루며 자라는 것을 볼 수 있다. 꽃을 볼 수 있는 시기도 상당히 달라졌음을 느낄 수가 있는데 민들레의 경우 노오란 민들레꽃을 볼 수 있던 시기는 봄 동안이었으나 이제는 거의 가을 늦게까지 볼 수 있다. 아침이면 분홍 꽃을 피우던 나팔꽃이나 집 주위 울타리를 어지럽게 감싸고 있던 환삼덩굴은 보기가 어려워지고 대신 하얀 망초꽃이나 노오란 달맞이꽃을 사시사철 흔하게 볼 수 있다.

이들 새로운 민들레나 망초, 달맞이꽃, 토끼풀 등은 우리나라에는 원래 분포하지 않고 외국이 고향인 식물들로서, 종자의 이동이 쉽고 사람이나 물건 등에 의해 쉽게 전파되는 성질을 가진 것들이다. 마을이나 인가 근처에서 자라는 초본식물들이 등산객에 의해 산으로 이동되어 등산로 주위를 차지하듯이 서양민들레나 망초 등은 외국에서 들여오는 무엇인가에 묻어 우리나라로 이동되어 우리의 주위를 차지하였다.

외래식물의 분포형태는 도입시기, 정착시기 등에 따라 상이하게 나타난다. 일반적으로 자생환경이 아닌 다른 지역에 처음 분포할 경우에는 그곳의 자생식물들의 세력에 의해 주변지역에 고립적으로 분포한다. 즉 고유한 식생이 자라지 않는 돌 틈이나 아스팔트의 갈라진 틈, 담벼락 밑, 보도블록 사이 등 열악한 환경에서 싹을 틔운다. 이들은 다른 식물에 방해받지 않고 태양빛을 그대로 받아 왕성하게 생장하며 일찍 꽃을 피우거나 개화시기를 의도적으로 조절함으로써 세력을 확장시킬 전략을 갖춘다.

외래식물은 일찍 꽃을 피우고 열매를 맺음으로써 다른 식물들이 열매를 맺기 전에 자신들의 종자를 퍼뜨린다. 흔히 이들 종자의 수는 상당히 많으며 종자의 확산도 구조적으로 유리하게 발달하여 빠른 시간 내에 주위의 영역을 차지할 수 있게 된다.

외래식물이 들어와 최초로 뿌리 내린 곳을 일차 외래지라고 하는데 이들 장소는 무역항이나 철도·공항 주변, 목장이나 목초지 주변, 수입원료를 취급하는 공장이나 새로 조성되는 도로 주변 등이 되기 쉽다. 철길 사이에 분포하는 식물 중 대부분이 외래식물인 것은 이들 외래식물이 상대적으로 번식력과 생존력이 우수하여 자생식물이 자라기 힘든 열악한 조건에서도 잘 자라기 때문으로 생각된다.

일반적으로 외래식물은 비교적 광범위한 환경조건에서 분포하지만 각 식물별로 친화적인 생육조건이 있다. 가장 일반적인 환경적 요소는 크게 토양 중의 수분이나 빛, 양분인데 쇠비름은 주로 수분이 많고 토층이 깊으며 일시적인 질소 공급이 많은 곳에 잘 나타난다. 경작지의 고랑이나 주택가의 쓰레기 매립장 등이 대표적이다. 거의 전국적으로 분포하는 돼지풀도 습한 지역에 잘 나타나는데 물이 흐르는 개울가나 건물 뒤의 그늘지고 습한 곳에 주로 나타난다.

이에 반해 망초나 개망초가 자라는 곳은 건조한 곳인데 경작지 고랑의 둔덕이나 주택가의 언덕, 철로변 등에서 잘 자라며 습기가 아주 많은 곳에서는 아예 자라지 않는다. 한편 사람의 왕래가 잦거나 차가 다니는 도로상에는 일반적인 식물이 자라지 못하고 대신 질경이나 마디풀과 같이 답압踏壓에 강하고 크기가 작으며 지상에

개망초. 귀화식물의 대표 주자인 개망초는 이제 우리에게 더이상 낯설지가 않다.

붙어 자라는 식물이 소수로 자라고 있다. 그러나 이것에서 조금 벗어난 길 가장자리에는 망초, 개망초, 달맞이꽃이 군락을 이루고 있는데 이들은 큰 키와 빠른 생장력으로 질경이나 마디풀을 누르고 자리를 차지한다.

우리나라의 재래식물과 외래식물의 생태적 습성을 잘 살펴볼 수 있는 예가 있는데 바로 재래식물인 민들레와 귀화식물인 서양민들레가 그 대표이다. 현재 우리가 주변에서 흔히 볼 수 있는 민들레 종류는 대부분이 서양민들레로서 우리의 고유한 민들레

달맞이꽃의 근생엽根生葉. 달맞이꽃은 로제트라는 월동형 조직으로 겨울을 보낸 뒤 이른 봄에 재빨리 새잎과 줄기를 돋아 낸다.

를 볼 수 있는 곳은 강원도의 오지 정도이다.

민들레와 서양민들레의 형태적인 차이점은 다음과 같다. 민들레의 경우는 꽃부리가 황색인 반면 서양민들레는 백색이며, 민들레의 외포편外苞片은 곧추서는 데 비해 서양민들레의 외포편은 아래로 젖혀진다.

서양민들레의 뿌리는 자생능력이 뛰어나기 때문에 뿌리를 몇 토막으로 잘라 흙에 묻어 두면 뿌리 끝에서 새로운 개체가 나와 완전한 민들레로 자란다. 그래서 주로 도로변이나 식물의 교란이 일어난 곳, 논·밭 등 인간의 작용이 강하게 미치는 곳에 집단적으로 나타난다. 이것은 하나의 종자가 발아해서 뿌리가 형성되면 이것으로부터 많은 개체가 생성될 수 있다는 것으로, 서양민들레의 강한 번식력과 생존력을 보여 주는 것이다.

생존과 번식을 담당하는 개화와 결실 부분에서 서양민들레는 꽃이 피어 있는 기간이 상당히 길고 열매를 맺는 양도 많다. 또한 로제트라는 월동형 조직을 가지고 있기 때문에 다음 해에 이것으로 신속히 줄기를 발생시켜 상대적으로 일찍 생장을 개시할 수 있으며 생육공간도 확보할 수 있다.

민들레의 경우 씨앗이 발아해서 싹이 트고 꽃이 피기까지 수년이 걸리는 반면 서양민들레는 발아해서 그해 안에 꽃을 피운다. 개화시기도 이른 봄부터 가을까지 지속되어 종자 생산량이 민들레에 비해 대단히 많다.

서양민들레 꽃의 크기는 재래종 민들레보다 크다. 또 민들레가 자신의 꽃가루로는 가루받이를 하지 않는 반면 서양민들레는 자신의 것, 남의 것 가리지 않고 가루받이를 한다. 그래서 한 개체만 존재하더라도 제꽃가루받이를 통해 씨앗을 만들어 낸다. 따라서 비록 처음에는 서양민들레가 고립된 개체로 나타났다가도 시간이 지남에 따라서 대단위 군락을 형성하게 된다.

한편 실질적인 식물의 번식과 분포를 결정하는 종자는 그 자체가 운동성을 지니거나 이동에 도움을 줄 수 있는 특수한 기관을 가진다. 만약 전혀 이동성이 없다면 다른 생물의 도움을 받는다. 서양민들레의 종자는 바람에 의한 이동이 용이하도록 관모冠毛라는 조직을 종자에 달고 있다. 이들 관모는 낙하산과 같은 기능을 하여 종자가 멀리까지 퍼져 갈 수 있게 한다. 다닥냉이 종자의 경우는 종자를 싸고 있는 날개가 있어 바람에 의한 확산에 편리하다. 이들 종자들은 바람에 날리며 떠돌다가 가루받이의 여건이 조금이라도 갖춰지는 곳에서 싹을 틔운다.

이와 같은 귀화식물의 왕성한 적응력과 생존력은 이미 우리나라에 광범위하게 퍼져 있는 망초나 개망초, 달맞이꽃, 토끼풀, 비짜루국화, 미국개기장, 털별꽃아재비 등에게도 비슷하게 적용된다. 그래서 이에 대한 적절한 관리를 하지 않으면 머지않아 우리의 봄은 이런 생소하고 무지막지한 귀화식물들로 시작될 것이다.

운명

숲은 나무가 있어 대접을 받는다. 신갈나무가 있음으로 해서 작은 당단풍나무도, 철쭉도, 여러 들꽃들도 가치를 가진다. 숲은 웅장한 나무로 인해 가치를 얻고 사람들의 관심을 받는다. 물론 사람들의 관심이 반드시 미래를 보장해 주는 것은 아니다. 한때 관심이 곧 파괴로 이어졌던 때도 있었다. 그러나 다행히 사람들이 현명함을 찾아가고 생물이 가지는 생명성에 대해서도 눈을 뜨게 되었다.

그렇지, 변화란 누구도 빗겨 가지 않는 것. 신갈나무는 자신의 주변에서 맹렬하게 도전해 오는 젊은 나무들을 이미 감지하고 있다. 그리 놀랍거나 괘씸하다는 생각은 없다. 바로 자신의 살아온 모습이 아닌가. 자신이 소나무를 밀어낸 것과 마찬가지로 자신 또한 변화의 순간을 맞이하고 있을 뿐이다.

그래도 나는 최선을 다했다. 보라 저들이 뿌리를 내리고 있는 땅도 내가 일구었다. 고집스러운 소나무 낙엽도 내가 녹여 내었다. 저토록 윤기 흐르는 흙은 얼마나 많은 내 일부를 담고 있는가. 내 넉넉한 품은 바람을 막아 주었고 물을 가두었다. 내가 이룬 흙이 아닌들 저들은 어찌 싹을 낼 희망을 가질 수 있었겠는가. 나방은 내 수액에서 목마

가지 끝에 피어나는 세월. 가지는 조금씩 세월에 시달려 생명력을 잃어 간다.

름을 해결했고 다람쥐는 내 품에서 겨울잠을 잤다. 혹벌은 내 이파리를 터전 삼았고 겨우살이는 아예 내 가지를 제 것으로 사용했다.

　나 역시 저토록 맹렬했던가. 내가 뻗은 가지에 누구는 빛을 포기했어야 했겠지. 다만 신갈나무는 또 다른 신갈나무의 도전에 직면해 있음이 소나무와 다를 뿐이다. 그는 소나무를 몰아냈는데, 소나무는 결코 그를 몰아낼 기회를 갖지 못한다. 신갈나무는 다소 미안한 생각이 들기도 한다.

　봄이 오고 여름이 오고 가을이 오고 겨울이 오고 또 봄이 오고,

봄이 오고, 봄이 오고……. 신갈나무는 생명체로서 오래 살았다. 몸속의 동심원들은 이미 백여 개를 넘었다. 헤아리는 것조차 부질없어 보인다.

정지한 듯한 시간도 이제 퇴색해 간다. 세상의 무릇 살아 있는 것들 중 100퍼센트 효율을 가지는 동력체계는 없다. 필요불가결하게 쓰레기 즉 엔트로피를 발생시킨다. 나무도 마찬가지여서 몸에는 이제 노폐물도 쌓이고 묵은 찌꺼기도 쌓인다. 그 쓰레기를 먹고사는 새로운 매개자들이 시간을 갉아먹는다. 힘도 떨어지고 기운도 예전 같지 않다. 해마다 피어나는 신록이 있지만 과거의 흔적들이 너무도 많이 남아 있다. 이파리를 달고 있는 가지 아래에는 긴 세월의 곁가지들이 남아 퇴색되어 있다. 과거는 화려했다 하지만 현재로서는 짐밖에 되지 않는 누추한 존재들이다. 생산은 없이 수고로움만 요구하는 존재들이다. 먼 거리는 저항의 발생을 높인다. 긴 수송체계는 효율을 떨어뜨린다.

연금보조도 끊어진 가지에는 어느덧 저승꽃이 피어난다. 원하지 않았지만 부러진 가지에는 어느새 버섯도 피어난다. 신갈나무가 있는 숲에는 유난히 버섯이 많이 돋는다. 낙엽이나 낙지落枝, 뿌리 등 그만큼 많은 양분들이 숲으로 떨어진다는 의미이겠다. 축축한 밑동은 이미 쓰러짐을 예고하듯 군데군데 뜯겨 있다. 곧 돌아갈 시간이 닥쳐올 것이다.

표고버섯의 균사는 신갈나무의 줄기 속 목질을 분해해 양분을 얻는다. 버섯이 피어나는 것은 나무 속이 이미 죽어가고 있음을 말한다.

　　하나의 도토리에서 시작된 나무의 긴 시간이 이제 끝에 다다라 있다. 어미로부터 떨어져 나와 하나의 싹이 되고 나무가 되고 어미가 되어 수많은 열매를 생산하고 퍼뜨려 그가 태어난 사명을 충실히 이행하였다. 나무는 어쩌면 하나의 사건을 기다리는지도 모른다. 하지만 그의 줄기는 나무 중의 으뜸 참나무의 자손이다. 어느 정도의 바람으로는 어림도 없다.

　　상처로 찢어진 밑동은 곧 그의 생에 결정타를 날릴 것이다. 물기

영원한 생명체는 없다. 신갈나무에게도 어느덧 죽음을 맞이할 징후가 나타나기 시작한다. 줄기에 피어나는 저승꽃들, 이름도 알 수 없는 무수한 균들이 나무의 줄기를 뜯어 먹기 시작한다. - 수세가 약해진 나무에 제일 먼저 공격을 가하는 것은 나무좀벌레들이다.

의 드나듦은 조직을 와해시킨다. 와해된 조직은 미세한 벌레들의 보금자리를 마련한다. 곧 혈관을 타고 흐르는 독과 같이 미세한 벌레들이 나무의 구석구석을 뒤지고 돌아다닐 것이며 그 틈새로 다시 물이 차고 갈라진다. 결국 나무를 쓰러뜨리는 것은 강한 바람이 아니라 미세한 벌레와 물의 협공이다.

 나무의 쓰러짐은 큰 사건이 아닐 수 없다. 갑자기 하늘이 열리고 빛이 쏟아지는 세상이 되는 것이다. 또 나무의 그늘에 안식처를 마련했던 작은 들풀들은 아무런 저항도 못하고 무참하게 짓이겨질 수도 있다.

그러나 결국 나무는 위대했다. 인내했던 나무들은 큰 품으로 다시 채워 오른다. 쓰러진 나뭇등걸은 무수한 생명들이 일시에 일어날 수 있는 토대가 된다. 보통 때에는 그냥 썩어질 씨앗들이 잠깐 동안의 영화를 꿈꾸어 볼 수 있는 기회를 준다. 이끼가 피어오르고 버섯이 피어오른다. 벌레가 줄기 속으로 길을 내고 물이 채워진다.

그저 흙에서 흙으로 돌아가는 이치이거늘, 이처럼 단순하고 명쾌한 순리가 어디 있는가. 땅의 자양분을 먹고 자라 다음 세대를 위해 자양분으로 돌아가는 일. 미련이 있을 수 없다. 죽는 일이란 모든 생명이 가지고 있는 절대적 속성이 아닌가. 죽는다는 것, 그 이상도 이하도 아닌 가장 결정적이면서도 불변하는 성질이다.

나무는 쓰러지는 순간까지 최선을 다해 생명활동을 해 왔지만 죽음 앞에 절대 번민하거나 회피하지 않는다. 다음으로 이어지는 순환이 있기에. 사람처럼 복잡한 절차와 형식을 가지지도 않고 죽음 앞에 부산스러움도 없다. 그저 살아가는 활동의 또 다른 형태일 뿐이다. 죽을 자리를 마련하기 위해 산을 헤집고 다니는 수고도 필요하지 않으며 특별한 무덤도 필요로 하지 않는다. 자신이 주저앉은 그 자리가 바로 무덤이요 저승이다. 새로운 방문자들이 결코 두렵거나 원망스럽지 않고 그들의 출현을 오히려 간절히 원하는 것이 나무의 마지막 소원이다. 자신이 썩어지지 않고 온전히 남아 화석이 된다 한들 이미 죽은 자신

쓰러진 나무는 세월에 분해되면서 새로운 생명을 잉태한다. 분해자들 역시 재분해되어야만 재투자되고 새로운 생명으로 거듭난다. 곰팡이 역시 생명을 다하면 숲의 분해자들을 기다린다.

에게 무슨 의미가 있다는 말인가.

나무의 지난 역사는 땅속으로 분해되고 다시 나무로 피어난다. 그것이 동족이든 살았을 때의 경쟁상대였든, 삶을 가지고 살아가는 생명들에게 똑같은 자격으로 분해되고 보충되는 역사이다. 애초에 생명의 본질은 그래서 하나였고 또한 그래서 소중한 것이다.

신갈나무에게 진정한 휴식은 이제부터이다. 어미 몸에서 떨어져 나온 순간부터 한순간도 생명을 게을리하지 않았다. 나무에게 휴식이란 곧 사라짐을 의미한다. 숨쉬는 것에서 양분을 모으고 물기를 가두고 양식을 만들고 잎을 피우고 잎을 떨어뜨리고 눈을 만들고 꽃을 피우고 열매를 만들고……. 나무는 부지런함 그 자체이다. 살고 있는 동안은 부지런하지 않을 수 없다. 그것은 생명을 부여받는 순간 지켜야 하는 의무였다.

　　신갈나무가 쓰러진 자리는 자양분이 넘치는 풍요의 땅이요 은혜의 땅이다. 죽어서 이처럼 큰 영광이 어디 있다는 말인가. 신갈나무가 쓰러진 자리에는 갑작스러운 부산함으로 작은 생태계가 만들어진다. 그래도 지긋지긋하던 나무좀벌레나 곰팡이나 세균들에게 이제는 운명을 맡겨야 한다. 이제 온전한 생태계의 역할을 해내는 시간이다.

큰 신갈나무가 뿌리째 쓰러지는 일은 거의 발생하지 않는다. 그러나 바위틈이나 토양이 얕은 곳에 자라던 신갈나무는 몸집이 커지면 무게 때문에 뿌리째 쓰러지기도 한다. 큰 나무가 쓰러지면 숲에는 큰 구멍이 생기면서 새로운 종들이 침입할 기회가 생긴다.

신갈나무는 참으로 행운아였다. 사람들에 의해 몸뚱이가 송두리째 잘려 나가는 불행도 겪지 않았다. 사람들의 성가신 간섭에서도 자유로웠다. 오히려 숲의 주인이라는, 전에 없던 영광스러운 명예도 주어졌다. 도심이 아닌 산이라는 터전은 미래를 보장해 주었다. 그는 나무로서 최고의 영광, 천수를 누렸다.

신갈나무는 식물인간, 식물국회 등등의 말에 무척 가슴이 아프다. 식물처럼 처절하고 치열한 삶을 살아가는 존재가 어디 있을까. 또 식물만큼 훌륭히 혼자서 모든 일을 해결하는 생물이 어디 있을까. 모두가 식물에 대한 무지에서 오는 발상이다. 아니, 지독한 동물 중심적 발상에서 오는 편견이다. 이 지구상에서 신갈나무가 사라지는 날 모든 생명은 사라진다.

신갈나무가 썩어 흩어진 자리에 작은 씨앗 하나가 날아와 박혔다. 소나무 씨앗이다. 자연의 순서는 처음으로 돌아왔다. 하늘이 열려 빛이 쏟아지는, 나무가 쓰러진 땅에 소나무가 개척자처럼 들어온 것이다.

숲의 순환

오래되고 깊은 숲 속 바닥에는 부러져 누운 나무들이 대단히 많다. 그 나무의 등걸에는 초록의 이끼들이 뒤덮고 있으며 어린나무들이 그 위로 자라고 있다. 이는 단순한 현상인 듯하지만 매우 중요한 숲의 생명성을 담고 있는 모습이다.

나무들도 나이가 들어감에 따라 기운이 약해지고 병충해나 비바람에도 쉽게 쓰러진다. 오래된 나무가 바람에 쓰러지면 숲은 갑자기 큰 틈이 생기게 되면서 일시적으로 빛이 쏟아지게 된다. 그 쓰러진 틈이란, 말이 틈이지 작게는 1제곱미터에서 크게는 1헥타르에 이르기도 한다. 이 틈을 이용하여 그 동안 큰 나무에 가려져 제대로 자라지 못하던 옆의 나무들이 급속하게 가지를 뻗는다. 또한 바닥에서 조금씩 자라기만 하던 식물들도 급속하게 자라기 시작한다. 그들은 이러한 날이 오기만을 손꼽아 기다리며 자라고자 하는 욕망도 억제하면서 줄기와 뿌리로 힘을 기르고 있었다. 조상들이 물려준 방법은 역시 현명한 것이었다.

한편 땅속에 묻혀 있던 종자들은 햇빛에 자극되어 일제히 싹을 틔운다. 이렇게 숲은 갑자기 부산해지면서 생명이 일시적으로 충만하게 된다. 몇 년을 간격으로 큰 나무들이 쓰러질 때마다 이러한 현상은 되풀이되어 숲은 부분적으로 구조가 변하게 된다.

거대한 나무의 쓰러짐은 곧 부산한 생명활동을 예고한다.

이제 숲의 구조는 여러 층의 나무들로 얽혀 있어 자리가 비더라도 재빨리 다른 나무들로 채워진다. 여간해서 숲은 그 맨살을 드러내지 않는다. 바로 건강한 숲이란 이렇게 여러 층의 나무들이 다양한 모습을 이루며 있는 것이다. 만일 단일 식물로만 이루어진 단순한 구조로 되어 있다면 숲은 한 가지의 병이나 해충에도 쉽게 파괴될 것이며 숲에 틈이 생겨도 이를 대신해 줄 다른 나무들이 없어 오랫동안 방치될 것이다.

한편 부러져 누운 나무는 많은 토양생물들의 먹이가 된다. 일차적으로 제법 크기가 큰 나무좀벌레들이 나무의 구석구석을 다니면서 나무를 갉아 먹는다. 어떤 종류는 목질 사이에 알을 낳기도 한다. 수많은 종류의 벌레들이 나무를 갉아 먹는 동안 나무는 푸석푸석해지고 마치 스펀지와 같이 된다. 이제 나무는 최종적으로 곰팡이나 바이러스에 의해 철저하게 분해된다.

나무가 분해되는 데도 낙엽의 분해와 같은 일련의 과정들을 거치게 된다. 부러진 나무 기둥의 주를 이루는 성분은 긴 탄소사슬로 이루어진 셀룰로오스나 리그닌 등이다. 이들 물질은 분해율이 낮으며 소화흡수율도 낮다. 반면에 비록 적은 양이기는 하지만 나무 속에 들어 있는 단백질이나 지질 성분은 우선적으로 분해자의 표적이 된다. 맛이 좋은 성분이 거의 다 빠져나가고 리그닌만 남게 되면 분해의 속도는 더욱 느려진다.

나무의 조직에 질소 성분이 많으면 빨리 분해되지만 탄소 성분이 많으면 분해 속도가 느리다. 이것을 식물학에서는 '탄소-질소비율'이라고 하는데 이 비율이 높으면, 즉 탄소의 함량이 높으면 분해되는 시간이 오래 걸린다. 일반적으로 참나무와 같은 낙엽 활엽수들은 소나무, 잣나무와 같은 침엽수들에 비해 질소의 함량이 높다. 그래서 이들이 분해되는 데는 30년 정도면 되지만 소나무 숲에서는 100년 이상이 걸린다. 하지만 결국 언젠가는 다 분해되고 만다. 분해된 나무는 얼마간 땅 위에 그대로 주저앉아 있지만 오랜 시간 동안 비가 오고 낙엽이 쌓이면서 자양분이 풍부한 새로운 흙이 된다.

나뭇등걸은 숲 속에서 완전한 온상이 되기도 한다. 나뭇등걸 위로 날아든 씨앗들은 지상의 풀들에게 아무런 영향을 받지 않고 마음껏 빛을 받아들일 수 있다. 또 나무를

그루터기 온상에 삶의 뿌리를 내린 어린 전나무

둘러싼 이끼는 물기를 가득 머금고 있어 수분 부족을 겪을 이유도 없다. 이제 비옥한 양분을 토대로 씨앗에서는 새순이 돋아나면서 동시에 뿌리를 내린다. 일부 싹은 뿌리를 나무통 속으로 내리기도 하고 일부 싹은 통나무의 옆을 지나 토양으로 길게 뿌리를 뻗는다.

싹이 자라고 뿌리를 뻗는 동안 통나무 속은 곰팡이나 세균들이 잔치를 벌이며 속을 비워 간다. 통나무는 서서히 쓰러지면서 내려앉는다. 이때 일부 통나무 속으로 뿌리를 내렸던 나무들도 같이 쓰러진다. 그들에겐 짧은 기간 동안의 영화였다. 하지만 끝까지 버티고 있는 어린나무에게는 더욱 부드러운 양분이 된다. 용하게 살아남은 어린나무들은 마치 일렬로 서 있는 것처럼 보이기도 한다. 숲에서 아치형으로 벌어진 뿌리를 가지고 있는 나무는 이런 과정에서 성공적으로 살아남은 나무들이다.

함정인지도 모르고 싹을 내었다가 쓰러져 간 많은 어린나무들을 생각하면 언뜻 안 됐다는 생각이 들지만 이것 역시 숲을 이끌어 가는 원동력이 된다. 나무는 필요 이상의 종자를 만들어 내는데 이들 종자가 모두 싹을 틔운다면 숲은 과도한 나무로 인해 오히려 건전성이 떨어질 것이다. 따라서 흙에 성공적으로 뿌리를 내린 나무들은 건전하게 성장을 하고, 뿌리를 내리는 데 게을리했던 나무들은 다시 쓰러짐으로써 새로운 숲의 영양분을 만들어 주는 것이다.

이렇게 쓰러진 나무도 많고 이를 이용하는 생물들도 많은 숲은 매우 건강하다고 볼 수 있다. 쓰러진 나무들을 둘러싼 이끼 융단은 스펀지와 같이 빗물을 가두어 숲의 식물들에게 수분을 제공하고 나아가 사람들이 이용할 수 있는 물을 지속적으로 흘려보내 훌륭한 댐 구실을 한다.

숲은 사람의 간섭 없이 스스로 일구어 가는 생명순환체계를 갖추고 있는 것이다.

찾아보기

가막사리 056
가문비나무 113, 190
갈대 169~170
갈참나무 017~018, 210, 268
개나리 076, 184~185, 203, 207~208, 267
개망초 080, 285, 287
개미풀 254, 256
개별꽃 208
거제수나무 161
고무나무 164
고사리 058, 166, 187
괭이밥 068~069
구상나무 189
구슬붕이 276
국화 080, 195~196, 199~201, 203~205, 211
굴참나무 017~018, 077, 148, 160~161, 164~165, 167
굴피나무 167
귀룽나무 075
금마타리 275
기린초 073
꼬리진달래 252

꽃다지 080
끈끈이귀개 139
끈끈이주걱 139~141, 144
나팔꽃 283
너도밤나무 113, 222
네펜데스 144
노각나무 160
노랑제비꽃 276
노루귀 276, 282
노린재나무 268, 279
눈잣나무 103
느릅나무 052~053, 273
느티나무 108, 113~114
다닥냉이 287
다래덩굴 257
단풍나무 052, 226, 273
달걀버섯 157
달맞이꽃 059, 080, 283, 285~287
당단풍나무 135, 279, 281, 288
대나무 182~183, 241
대추나무 249~250
도꼬마리 055, 069, 204
도둑놈의갈고리 055~056
독말풀 240~241
독활 243
돌나물 072~073

동백꽃 194~196
동백나무 192, 195
돼지풀 284
두릅나무 247~248
둥글레 243
들쭉나무 063, 103
땃두릅나무 248
떡갈나무 017~018
라일락나무 109
마가목 135, 279
마디풀 285
마로니에 226
망초 283, 285, 287
매미꽃 276
매발톱나무 249
맹그로브 나무 254
모과나무 160, 249
목련 106, 108, 127, 185
무궁화 203, 226
무당버섯 157
무리우산버섯 151
무화과나무 164
물박달나무 163
물봉선화 057
물푸레나무 052, 136, 229, 230
물황철나무 186
미국가막사리 055

미국개기장 287
미루나무 173
미치광이풀 241
민들레 050~051, 199, 283, 285~287
바위구절초 200
바위솔 072
바위취 100
박꽃 067
박새 240~242
박주가리 240~242, 245, 271
밤나무 226
방크스소나무 058~059
배나무 249~250
배롱나무 160
뱀무 055
버드나무 050, 053, 061, 075, 082, 103, 113, 126, 159, 185~186, 191, 197, 226, 271
버즘나무 226
벌레혹 233
벚나무 106, 135, 160
보리수나무 060
보리장나무 063
복수초 277
복자기 135
봉선화 057, 134, 207

부겐빌레아 193
붉나무 022, 135, 268, 279
비록시 204
비짜루국화 287
사과나무 061, 250
사스래나무 097
사시나무 50, 113, 185
산딸기 060, 063
산뽕나무 060
산사나무 249
산수국 200
산수유나무 110
산앵두나무 060
산짚신나물 055
산초나무 279
상수리나무 017~018, 148, 215
새삼 253, 255
생강나무 136, 180
서양민들레 080, 283, 285~287
서어나무 185, 273
석송 187
선인장 072~073, 248~250
소철 187~188
속새 187
솜다리 100
솜방망이 100
쇠물푸레나무 052

쇠비름 284
술패랭이 193
싸리나무 139
싸리아교뿔버섯 151
쐐기풀 083
아교뿔버섯 157
아까시나무 126, 135, 139
애기똥풀 241
앵두 063
앵초 082
야자나무 254
양귀비 243, 245
얼레지 208~209, 276~277
에델바이스 100, 104
염주나무 052~053
오디 060, 062~063
오리나무 139, 252
오리나무더부살이 252
오미자덩굴 257
왜솜다리 100
육계나무 164
은방울꽃 276
은행나무 062, 135~136, 188
음나무 136, 229, 247~248, 273
이끼패랭이버섯 157
잎갈나무 156
자귀나무 059, 068~069

자작나무 097~098, 160~ 161, 164, 197, 222, 226
자주괴불주머니 276
잣나무 096, 113, 156, 188, 299
장미 111, 185, 191, 194~196, 201, 203~204, 211, 248~249
전나무 151, 156, 226~300
제비꽃 276
조릿대 183, 279
졸참나무 017~018, 044, 148, 168, 210, 268
좀참꽃나무 103
주목나무 062, 123
주엽나무 249~250
줄딸기 060
지중해분무오이 058
진달래 075~076, 103, 180, 184~185, 193, 201, 267, 277, 281
진득찰 055
질경이 285
짚신나물 055
쪽동백나무 225
참깨 059
참꽃나무겨우살이 252
참나무겨우살이 056, 250~ 251
참나무꽃혹벌 232

참나무잎붉은혹벌 232
천남성 243
천마 255
철쭉 269, 279~281, 288
청미래덩굴 257
측백나무 226
층층나무 076, 279
칡 207
칼미아 193
커피나무 245
코스모스 199~200, 203
큰개별꽃 208
키버들 103
타래난초 197
탱자나무 248
털별꽃아재비 287
털진달래 134
토끼풀 283, 287
통발 142
튤립 067, 136
파리지옥풀 139~144
팥배나무 135, 268
포플러나무 083, 109
플라타너스 051, 053, 083~ 084, 109, 114, 117, 160, 226
피나무 053, 061, 076, 230, 273, 279

피나물 276
하늘타리 067
함박꽃나무 226
해바라기 199~200
향나무 096, 226
현호색 276~277
협죽도(유도화) 241
호랑가시나무 249
홉 083
환삼덩굴 283
회양목 076, 226
후라 058
후박나무 167
흰꽃무당버섯 157